JN217813

年商 **20億円** かせぐ！

Amazon せどりの王道

マニエル・オオタケ

［著］

秀和システム

はじめに

● **私が年商20億を稼ぐようになった秘密とは？**

　あなたはインターネットを上手に利用していますか？

　今や誰でも手軽にアクセスでき、自由に利用できるインターネットですが、意外にそれを賢く使っている人は少ないと思います。

　インターネットはネットサーフィンをして、楽しく買い物をするためだけのものではありません。私がやっているネットを利用したビジネスも、ちょっとしたコツと知識を覚えれば、誰でも簡単にお金をかけずに始められます。

　その一番のコツは「使える情報」と「必要のない情報」を見分けること。そして、「いい情報」をできるだけたくさん集めることです。

　この本ではネットで起業し、5年間でグループ会社合わせて年商20億円にまで収入を増やした私が実践している「使える情報」「いい情報」を集める方法と、それらを活用した「儲かるネットの使い方」をわかりやすくまとめました。

　これまでに個人や法人、合わせて1500名以上もの人にネットを利用したビジネス指導を行ってきました。その経験と成果、そしてそのノウハウを余すことなく盛り込んでいます。

● **初心者でも取り組めるインターネット・リセリング**

　私が薦めるビジネスは、インターネット・リセリング、つまりネットで商品を安く仕入れて高く売る、物販です。「せどり」とも呼ばれます。

ネットビジネスにはいろいろなものがあります。その中でも0を1にするのは、物販が圧倒的に有利です。コストや手間を考えても、初心者が失敗しにくいからです。

また、物販はさまざまな媒体で展開できます。例えば、国内向けなのか、海外向けなのか。輸入するのか、輸出するのか。

しかし、私がこれまで多くの方に指導し、取り組んだ中では、国内向けが一番参入障壁が低く、シンプルでキャッシュフロー（お金の流れ）が早いことがわかりました。

国内向けですと、基本的に日本語のやり取りですから、英語を初めとする外国語がわからなくても問題ありません。その結果、初心者でも取り組みやすく、挫折もしにくいです。

● 私がAmazonでの物販を薦める理由

さらに、国内向けと言っても、いろいろな媒体があります。Amazonの他、主なものとしては、Yahoo!ショッピング、ヤフオク！、楽天市場、メルカリなどがあります。

近年、流行っているのがメルカリなどのフリマアプリですが、もともとビジネスの利用は禁止されています。ところが、ビジネスでの利用者が増えていることもあり、最近では取り締まりが厳しくなっています（アカウント削除等）。

また、Yahoo!ショッピングやヤフオク！、楽天、自社ショップに関しては、集客や発送等で手間がかかり、副業で大きな売り上げを達成することはかなり難しいです。

それに比べて、Amazonならば、月に4900円（税別）で店舗が持てます。これがもし、楽天市場で出店する場合ですと、最低20万円程の初期費用が必要になります。また、自分の商品を上位に表示させるのにも別途に広告費がかかってしまいます。

みなさんもよくご存知のGoogleやYahoo!などで商品を検索すると、一番上に表示されるのはAmazonではないでしょうか？　これは、Amazon本体がものすごい額の広告費を支払っているからです。自分でショップを作って、Amazonより検索結果を上位に表示させるのは、はっきり言って不可能です。

Amazonを利用することで、お金を支払わずにこのような上位表示を利用することができます。

また、費用や集客、発送等の手間、そして、効率性の面から言っても、Amazon物販は圧倒的に有利です。私がAmazon物販をお薦めするのはこのような理由からです。

● Amazonを熟知している私だから知っていること、教えます

私が顧問として運営に関わっている会社は、Amazonから正式なパートナーとして数少ない認定を受けています。

また、Amazonの代行会社としても、会員数は8000人以上、月に5万点以上を代行出品しており、会員数、実績ともに業界一です。

さらに、無料提供しているリサーチツールの利用ユーザーは2万人超。このツールを利用しているAmazonユーザーのニーズを私は細かく分析していますので、それを運営にも取り入れています。

以上のことから、Amazonの仕組みについてはかなりのことを熟知しているとと自信を持って言うことができます。

　この本ではこれらの知識を、できるだけわかりやすく解説しています。

　ぜひともみなさんもこの本を読んで、高収入を手に入れてください。

2018年3月

マニエル・オオタケ

年商20億円かせぐ！Amazonせどりの王道

第6章　出品のテクニックも押さえよう

第7章 さまざまな効率化で月商を大きくしていこう

第1章

インターネットを「稼ぐ手段」にしよう

6万円だった月収が、起業半年で100万円になった！

● 借金を抱えて悩んでいた20歳のとき

私は海外で生まれ、日本に来たのは7歳のときです。今では日本語で苦労することはなくなりましたが、それでも日本語が得意とは言えません。そのような私でも大きく稼ぐことができたビジネスがあります。

当然、私ができたのですから、みなさんも必ずできます。それを証明するためにこの本を書こうと思いました。

まずは、私の今までの足跡をお話したいと思います。

高校を出てから最初に目指したのは俳優でした。通訳の道に進もうかとも思いましたが、人とは違った変わったことをしたい気持ちが強かったのです。

大阪のS芸能プロダクションに所属し、一人暮らしを開始。夜は居酒屋でアルバイトをしながら、オーディションを受けたり、レッスンを受けたりしていました。

そのときの俳優の仕事で稼いだ最高月収は、いくらだと思いますか？

実は、たった6万円でした。少ないときは1万円にも満たないときもありました。

そのような生活をしていたために、ローンの借り入れがかさみ、2年間で300万円弱の借金を抱えてしまったのです。

　これではダメだと思い、不動産会社のEに営業職で就職をすることにしました。

　もともと営業の仕事が向いていたのかもしれません。アルバイトのコールセンターでは新人賞を取りましたし、光回線のE社でも関西での営業成績が第3位にもなりました。

　しかし、それでも手取りは19万円くらいにしかなりませんでした。

　これでは借金を返すのに5年以上はかかってしまいます。しかも、ダブルワークで朝の7時から夜の12時まで働いていたので、それを何とか変えたいと思うようになりました。

● 偶然、出会ったビジネスが自分の運命を変えた！

　それは、働いて7か月ぐらいしたときでした。大阪の道頓堀を歩いていると、目の前にツタヤがあったのです。その本屋で出会ったB誌に、『サラリーマンが片手間で月に20万円稼げる方法』という記事がありました。

　そこには今私がおこなっているビジネスの基本が書かれていました。安く仕入れて高く売る物販です。まさにそのときの私にぴったりの内容でした。私は迷わず、そのビジネスに取り組むことにしました。

　ただ、借金生活ですから資金がありません。銀行にある貯金は10万円ぐらいしかありませんでした。そのため、クレジットカードを作り、そこから仕入れをすることにしました。作ったのはYahoo! JAPANカードと楽天カードです。

● 最初は海外から輸入をして国内で販売していたが……

最初に始めたのが、海外から輸入して国内で販売する方法です。雑誌の記事には好きなものから始めるといいと書かれていましたので、主にレゴやゲームを取り扱いました。

ただ始めたときは不動産営業の仕事をしていましたから、帰宅後の夜中の12時から朝の5時までが、物販の仕事をする時間帯でした。

海外から届いた品物を自宅で梱包し、コンビニで発送する。その繰り返しです。平日は売れ線のものをリサーチをして、土・日で梱包、発送しました。出店はヤフオク！をメインにしました。その頃はまだAmazonは今ほど人気はなかったと思います。

これが、思った以上にうまくいきました。

特に海外版の限定レゴは評判が良かったです。月に100点から150点は発送しました。

その結果、初月で得られた利益は20万円。次の月も20万円を超えることができました。会社員でもらっている給料と同じ額です。

そこで、このビジネスに専念することにしました。土・日しかできなくても20万円が稼げたのですから、毎日、専念すればもっと収入が増えると判断したからです。

結局、不動産会社はたった7か月で辞めました。

●続出する課題をクリアすべく辿りついたのが インターネット・リセリング

　こうして借金生活から脱出する希望の光が見えてきた私でしたが、徐々に問題が発生してきました。相変わらずレゴは売れ続けていたのですが、だんだんに不良品が出るようになったのです。

　これではビジネスがうまくいかないと思い、私は輸入品を売るのを止め、国内の店舗で仕入れることにしました。出店先も、いろいろなサービスが充実してるAmazonメインに切り換えました。

　店舗で仕入れをしますから、車が必要不可欠になります。ヤフオク！で中古のムーヴを8万円で買って、それに乗って朝の7時頃から夜中の12時まで、大阪近辺の店を回りました。

　Amazonで売れるものは何でも仕入れました。主に家電やゲーム、メディアを扱いました。すると、何と半年後には100万円の利益を達成したのです。

　その頃にはカードも何回か繰り上げ返済をしているうちに利用できる枠がどんどんアップしていきましたので、扱える金額も増えていました。

　しかし、扱う品物が多くなるにつれて問題も起きてきました。それは交通費がかさむことと、雨の日の仕入れなど、作業が大変になってきたことです。

　そこで、何か違う手段がないか、調べたところ、辿りついたのがインターネット・リセリングだったのです。

インターネット・リセリングを始めよう

● 安く仕入れて高く売る仕事

　インターネット・リセリングとは、仕入れをインターネットで済ませる物販手法のことです。「せどり」とも呼ばれます。

　ネット上には、数百万店以上もショップが存在しています。すると、同じ商品でもＡショップでは1000円、Ｂショップでは2000円というように、価格差が生じます。この価格差を上手に使って利益を得るという手法です。

　この物販手法をマスターすれば、24時間、365日、日本だけでなく世界中で、場所と時間の制約をいっさい受けることなく仕入れ作業をすることが可能になります。

　私はこの手法を使い、メルマガなどの情報やネットでの情報を基に、安く仕入れ、高く売ることを一人で黙々とやりました。

　メルマガ登録も5000店舗。それを見て仕入れを行っていきました。

● 仕入れ先はすべてネット

　ちなみに、仕入れ先として主なところは以下になります。

・ショッピングサイトモール（楽天市場、Yahoo!ショッピング等）

・オンラインネットショップ

・個人が運営している小規模ネットショップ

・オークションサイト（ヤフオク！、モバオク等）

・フリマアプリ

・卸サイト

● 販売先はやっぱりAmazon！

　一方、仕入れた商品を販売する場所は、先ほどもお話したように、私はAmazonをメインにしています。ただ、それ以外にも販売できるところがありますので、それについても解説しておきます。

① Amazon

　Amazonはオンラインストアでは最大の規模を誇るインターネット小売販売企業です。日本での売上高では楽天市場に続く規模を誇っています。

　圧倒的な集客力を持つので、初心者は迷うことなく、Amazonで販売してください。初期費用は無料からできますし、商品の発送作業を完全に委託するFBAというサービスもあります。

② オークションサイト

　仕入れ先として有効なオークションサイトは、販売先としてもかなり有効です。

17

不要品の処分をする場所といったイメージが強いかもしれませんが、ヤフオク！だけで数百万円を売り上げている人も多くいます。

ただし、初心者はヤフオク！をAmazonと併用して販売するのではなく、Amazonだけに絞ってやったほうがいいと思います。

③フリマアプリ

スマホが普及した結果、フリマアプリで簡単に商品が出品できるようになり、同時に商品を購入することもできるようになりました。そのため、Amazonで仕入れたものをフリマアプリで販売することも可能になりました。

ただ、最初は販売先はAmazonに絞って始めましょう。

● インターネット・リセリングのメリット

では、国内インターネット・リセリングにはどんなメリットがあるでしょうか？　その代表的なものは次の通りです。

・24時間、365日、日本や世界中のどこにいても取り組める

・ツールの使用により、リサーチ、仕入れの自動化を実現することが可能

・段ボール、梱包材料等の準備が不要になる

・他人の目、人混みを気にしなくてもいい

・日本語での取引が100%

● インターネット・リセリングのデメリット

　今度はデメリットについてです。何でも完全ということはありません。特に仕入れの面で注意が必要です。デメリットを知っておくことで、その注意点も知ることができます。

・商品到着までのタイムラグがある

・到着まで商品の状態を確認できない（中古品の場合、出品者の評価が参考になります）

・商品代とは別に送料がかかる場合がある

・偽物（海賊品）を仕入れてしまう可能性がある（メディア商品に多いのですが、仕入れの際にいくつかのポイントに気をつければそれほど心配はありません）

● 生活スタイルに合った取り組み方で始めよう

　私の場合は会社を辞めて、専業で取り組みましたが、みなさんの中にはいろいろな環境の方がいらっしゃると思います。

　公務員、会社員、シフト制の仕事、夜勤のある仕事……あるいは、主婦の方、学生の方など。また、地域もそれこそ北海道から沖縄まで、いろいろな方がこの本を読んでいただいていると思います。

　当然、インターネット・リセリングに取り組める時間もさまざまです。しかし、必ずどこかで取り組む時間帯ができると思いますので、その時間を有効に使ってビジネスを始めましょう。

　そして、このビジネスを専業にする決心がつきましたら、これからお話

する私の経験がお役に立つはずです。

　実際に私は専業でやるようになってから、実績がどんどんアップしてきました。それとともに銀行からもお金が借りられるようになり、カード枠も一気に増えました。

　さらに、新たにコンサルティングの仕事も始めました。セミナーも会員を募集して始めました。コンサルティングの収入も物販につぎ込み、始めて10か月くらいしてから東京へ引っ越しました。

　それからは事業の拡大を図り、時間のかかる出品作業を請け負う代行会社も作りました。これにより、出品の手間が省け、リサーチと資金の調達に専念できるようになったのです。

3 4900円であなたも お店のオーナーになれる

● Amazonなら、自分の店舗が簡単に持てる

通常、自分で店舗を持とうとすると何千万円もの投資が必要です。小さなお店でも数百万円はかかるでしょう。それほど自分でお店を持つのは簡単ではありません。

しかし、それがインターネット上であれば、それもAmazonであれば、月に4900円（税抜・平成29年12月現在）で持つことができます。

月に4900円と言えば、1か月に飲むコーヒー代よりも安くて済みます。それも自分の店舗ですから、自由に出品することが可能です。

それに集客や決済はAmazonがすべてやってくれます。自分のやることはリサーチと仕入れだけです。Amazonに商品を発送すれば、それで終わりです。

これがヤフオク！だとどうなるでしょうか？

自分で撮影をして、文章も書かなければいけません。それから振り込みの確認作業も必要です。それが終わったならば商品の発送もしなければなりません。

これを商品ごとに何回もしなければいけないのです。ビジネスの規模が大きくなるほど作業が大変になります。小遣い程度の儲けで良ければそれでも構いませんが、ビジネスとして確立させようと思うならば、かなり

難しい面があります。

● 掘り出しものを見つけて Amazon で売ろう

　以上のような理由から、最近では Amazon で起業をする人が増えています。本格的に始めようとすると、必然的に Amazon で始めることになります。

　例えば、この頃、急に人気が出始めたメルカリ。これは業者は出品 NG になっています。つまり、大々的に商売をやろうと思ってもできない仕組みです。

　基本は個人対個人の取引です。個人としてやる場合はどんなに規模を大きくしても OK ですが、それでも限界があります。物量的にも数量が多くなればとても無理です。

　そのため、メルカリの出品者は若い人や女性が大多数です。そもそも私が起業をした5年前にはまだ流行はしていませんでした。

　ただ、仕入れ先としてはお薦めです。なぜなら、個人間の売買ですから、素人の方が大半です。リサーチもあまりしていない人が多いのです。

　すると、だいたいが高く売りに出すか、低く売りに出すか、そのどちらかになりますので、探せば掘り出しものも見つけられます。

　同じようにヤフオク！で仕入れて、Amazon で売るのもお薦めです。

Amazonをお薦めする これだけの理由

● さまざまなサービスが受けられる

　私が始めた頃もAmazonは人気がありましたが、それが今では驚くほどの急成長を遂げています。

　例えば、いろいろなサービスがつぎつぎに生まれています。先日もトイレットペーパーがなくなったとき、スーパーに買いにいくのが面倒くさかったのでAmazonに頼みました。primenow（プライムナウ）というサービスがあり、そこに頼めばわずか1時間ほどで商品を届けてくれるのです。このように日用品などはすぐに手に入れることができます。

　また、アマゾンフレッシュというサービスでは、食品の配達もしてくれます。肉類や野菜、生ものなども、頼めば配達してくれます。まさに、家から一歩も出ないで生活することも可能になっているのです。

● スーパー、百貨店よりも売り上げが大きい

　ここでAmazonの売り上げを見てみましょう。それを見ればどれだけ凄いかがよくわかります。

　通販新聞社が今年（2017年）の7月に実施した「第68回通販・通教売上高ランキング調査」によれば、上位300社の合計売上高は6兆5806億円。伸び率は昨年の同時期の調査と比べると6.4％増。知名度の高い店舗

を展開する企業を始めとしたネット販売が大幅に急成長をしています。

　また、上位300社の合計売上高の伸び率は、一昨年と昨年の7月調査時ではどちらも5％台だったのが、今回は6％半ばへと上昇しています。この数字からも拡大基調が進んでいることがわかります。

　特に顕著なのがネット販売企業の躍進です。今ではネット販売が通販市場を牽引していると言ってもいいでしょう。

　昨年（2016年）の熊本地震の影響で当初の見通しを下回る企業も一部にはありましたが、全体的に見るとネット販売の好調さが通販市場を後押ししている形になっています。

● 通販・通教売上高ランキング（前期実績対象決算期：2016年6月期〜17年5月期）

順位	社名	前期売上高実績	増減率	今期売上高実績	増減率
1	アマゾンジャパン	1,176,800	17.6	-	-
2	アスクル	335,914	6.6	365,000	8.7
3	ミスミグループ本社	259,015	7.9	290,000	12.2
4	ジャパネットホールディングス	178,300	-	-	-
5	ベネッセコーポレーション	168,216	▲6.8	-	-
6	ジュピターショップチャンネル	154,923	11.1	-	-
7	大塚商会	146,046	5.0	-	-
8	セブン＆アイ・ホールディングス	139,226	-	-	-
9	ベルーナ	116,250	8.8	127,680	9.8
10	ヨドバシカメラ	108,000	8.8	118,000	9.2

※実績：百万円、増減率：％（前期比）
※通販新聞社発表より作成

さらに、上位300社の合計売上高の推移を見ても、この業界が年ごとに発展しているのがわかります。

● 上位300社の合計売上高推移

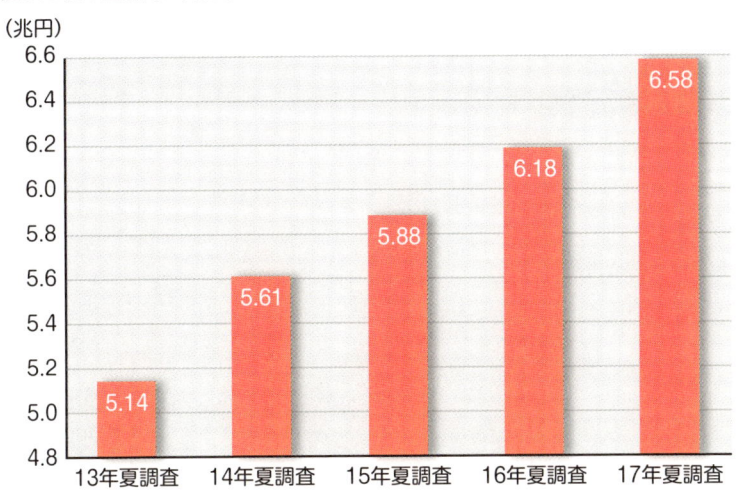

(兆円)

13年夏調査	14年夏調査	15年夏調査	16年夏調査	17年夏調査
5.14	5.61	5.88	6.18	6.58

※通販新聞社発表より作成

● 何と言っても売り上げトップはアマゾンジャパン

そしてトップは、今回の調査でもアマゾンジャパンでした。規模は1兆円を突破しています。

米アマゾン・ドット・コムの公表している資料では、2016年12月期でのアマゾンジャパンの売上高は107億9700万ドル。その当時の為替レートで円に換算すると1兆1768億円で、前年の同時期は約9999億円だったので、比較すると17.6%の伸びになります。

この傾向はこれからさらに拡大されるのではないでしょうか。

●上位10社の中でも42%のシェアを占めている

　また、上位10社で見てみると、全300社合計の42%を上位10社が占めており、なおかつその10社の中でも売上高トップのアマゾンは10社の合計売上高の42%を占めています。

　さらに、上位合計300社でのシェア率で見ても、約18%を占めているという驚異的な数字が出ています。

　ここにも私がAmazonを薦める理由があると言えます。

●上位300社の売上高シェア

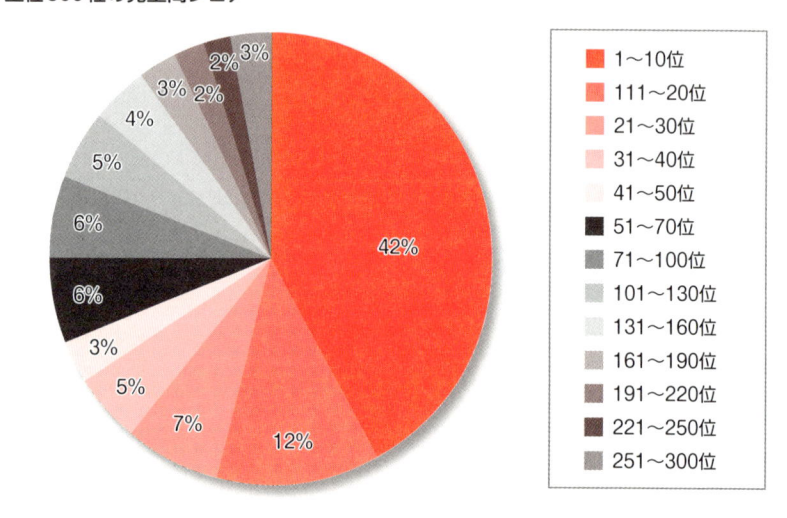

※通販新聞社発表より作成

●確実にネット販売市場は拡大傾向

　通販新聞の姉妹誌「月刊ネット販売」による「ネット販売白書」の結果も見てみましょう。

　2016年度のネット販売実施企業上位300社の合計売上高は3兆6322億円です。これを前年度の調査結果3兆2522億円と比べると、11.7％の伸びになります。

　ここでもアマゾンジャパンは2位以下を大きく引き離しています。売上高は前項でも示しましたが、2位のヨドバシカメラと比べてもその差は歴然です。

　また、上位30位以内では2桁減収の企業はありませんでした。ネット販売の売上高を年ごとに見ても、順調に売り上げが拡大しています。この傾向は増えることはあっても減ることはないと思います。

●ネット販売上位30社の売上高合計の推移

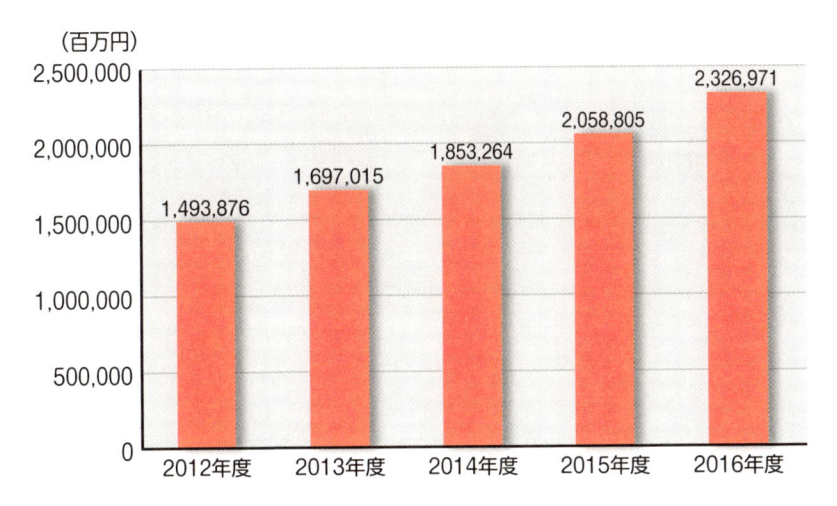

（百万円）

※通販新聞社発表より作成

● ネット販売実施企業上位30位のネット販売売上高

順位	社名	前期実績売上高	増減率
1	アマゾンジャパン	1,176,800	17.6
2	ヨドバシカメラ	108,000	8.8
3	スタートトゥデイ	76,393	40.4
4	千趣会	73,782	▲4.8
5	Rakuten Direct	60,000	-
6	ディノス・セシール	58,260	▲2.4
7	上新電機	55,000	-
8	デル	50,000	-
9	ジャパネットたかた	49,840	-
10	イトーヨーカ堂	47,396	7.8
11	ユニクロ	42,167	30.1
12	キタムラ	40,478	▲3.4
13	アスクル	39,016	18.8
14	ジュピターショップチャンネル	38,730	-
15	ニッセン	35,500	-
16	ビックカメラ	35,000	0.6
17	マウスコンピューター	32,615	13.1
18	QVCジャパン	29,430	-
19	MOA	28,935	14.6
20	セブン・ミールサービス	26,678	15.5
21	オルビス	25,630	2.3
22	ピュアクリエイト	25,000	7.3
23	オイシックスドット大地	23.016	14.1
24	ニトリ	22,600	33.1
25	エディオン	22,000	-
26	TSUTAYA	22,000	-
27	ディーエイチシー	21,700	1.4
28	丸井グループ	20,890	6.5
29	ストリーム	20,115	▲3.6
30	ドスパラ	20,000	

※実績：百万円、増減率：％（前期比）
※通販新聞社発表より作成

ネットビジネスで成功するために必要な2つの要素

● やる気だけでは成功できない

このようなビジネスをやっていると必ず聞かれることがあります。

「大竹さん、ネットビジネスで成功するには何が必要ですか？」

確かに、この答えを求めてみなさんは本を読んだり、セミナーに通ったり、ビジネス教材を買ったりしているわけです。

ところが、なかなかこれという答えにぶつからないから、この本を求めたのではないでしょうか。

私の答えはズバリ、これです。

「正しいノウハウを得て、正しい環境に自分を置くことです」

このどちらかが欠けても成功はしません。必ずこの2つがセットになっていなければいけません。そうでなければ、仮に一時的な成功はあっても、継続的に成功することはあり得ません。

● 正しいノウハウは私がお教えします

このうちの正しいノウハウは私がお教えします。

物事はうまくいかないことが当たり前です。すぐに成功できる人はごく少数です。特に間違ったノウハウを信じて努力した場合、限りなく、成功への道は遠くなります。

例えば、世界最速の車を所有していても、それを運転する正しい技術がなければ事故を起こしてしまいます。

最短で成功を収めるためには、正しいノウハウを身につけることが欠かせません。私が教えるノウハウを確実に身につけていただきたいと思います。

● 常に使える情報が入ってくる場所に身を置くこと

そして、常に正しい情報、使える情報が入ってくる場所に身を置くこと、そのような環境を率先して作っておくことも重要です。

一例としては、成功を収めている人たちとの交流が挙げられます。彼らから最新の情報を得ることができますし、困っているときにはアドバイスをもらえます。

自分の思い込みで動いていては成功はできません。必ずデータに基づいた情報を仕入れ、それを実践することが必要です。

後で詳しくお話しますが、売れているトレンドや商品の情報には敏感になっておくこと。それは街中の風景にも、ニュースの中にも含まれています。ちょっと意識を改革するだけで、それがお金に変わります。

そうしたことは、私のようなプロでなくても充分にできます。日頃の関心をそちらに向けるだけで情報を得ることが可能です。

● 何があってもやり続けること

　最後につけ加えるならば、とにかくやり続けること。これが重要です。マインドと言ってもいいかもしれません。

　物事はうまくいかない場合がほとんどです。すぐに結果を出せる人はごく稀です。

　特に0から1にするときが大変です。飛行機でも離陸するときがもっとも燃料を使うと言われています。

　最初は失敗の連続かもしれません。効率も悪いでしょう。最初が辛いのは誰も同じです。

　しかし、いざ動き出すと労力はどんどん軽減していきます。結果も少しずつ伴っていきます。それまではしっかりと我慢です。だいたいの人がこの段階で辞めてしまいますが……。

　それを防ぐためには、目標を設定することをお薦めします。ただ漠然と「お金を儲けたい」では続きません。

　例えば、初月は20万円の売り上げを目標にする。そして、その次は50万円を目標にする。そして、1年後には月収100万円を目指す、という具合です。

　このような目標を設定すれば、モチベーションがアップしますし、自分に使命感が出てきます。そうすれば1つや2つの失敗で挫けることもなくなります。

　2つの要素とやり続ける努力を欠かさなければ、必ず成功することは私が保証いたします。

6 インターネット・リセリングの基本の4ステップ

● 意外にシンプルな4つの流れ

　月に何十万、多い人になれば100万円を稼ぐネットビジネスとなれば、やらなければいけないことも多く、難しいことを覚えなければいけないと思われますが、これがまったく違います。非常にシンプルで、覚えやすいビジネスなのです。

　やらなければいけないことは4つだけです。

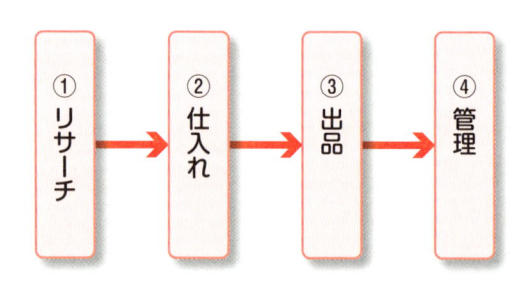

　これだけでOKです。他にはありません。特にAmazonの場合は、その他の面倒くさい作業はすべて代行してくれます。集客、梱包、発送、決済……など、あなたの代わりにやってくれますので、非常に手間が省けます。

　上記の4つについては、この後、章ごとに詳しくお話しますので、そちらをよく読んでください。

「稼げる人」と「稼げない人」
のほんのちょっとの違い

● 知っているか、知っていないかだけで人生が変わる

世の中、インターネット全盛の時代にはなりましたが、それでは買い物をするときにネットで価格を比較して安いものを買っているかと言うと、そんなことはせずに、決まったショップで買っている人がほとんどではないでしょうか。

便利になったと言っても、それは買い物をするのに便利になったのであって、安く買うためには使っていないのが現状です。それではあまりにも宝の持ち腐れと言えます。

その理由は単に面倒くさいとか、知らないからというのが圧倒的です。もし知っていれば、きっと安い価格の商品を探して、それを買うはずです。

● 知らないとそれだけで大損をする

私が光回線の営業をやっていたときのことです。当時、自分で契約に加入すると6万円のキャッシュバックがありました。

しかし、私はそのことをあえて話さずに契約を取り、その6万円のキャッシュバック分も自分の利益に計上していました。

これを知っているお客であれば、私の勧誘は断ります。せっかくの

キャッシュバックの6万円が受け取れないからです。知っている人は自分で家電量販店に行き、そこで契約をします。私が契約をお願いしようとすれば、「なぜあなたと契約をしなければいけないのか？　それではキャッシャバック分が受け取れなくなってしまう」と言われます。

　私がキャッシュバック分を自分の売り上げに計上できたのは、そのことを知らない人がいたからです。

　ネットビジネスも同じです。そこにある真実を知っているか、知らないかで稼げるかどうかが決まってしまいます。

　それはそのときの稼ぎがあるか、ないかだけではなく、あなたのその後の人生を考えると何千万円もの差になって現れてくるはずです。

　基本的な考え方は、いつの時代も変わりません。たとえ、Amazonが20年後になくなっていたとしても、その考え方は同様です。そのときはAmazonに代わる媒体を探して、そこで同じようにビジネスを展開すればいいだけです。

　要はちょっと知っているだけ、意識しているだけで大きく変わるのです。そのことを肝に銘じておいてほしいと思います。

8 「1.01の法則」と「0.99の法則」

● 毎日の小さな積み重ねが大きな成果へとつながる

　この法則をみなさんはお聞きになったことがあるでしょうか。有名な法則なので、ご存知の方も多いかもしれません。

　これはたとえ小さなものであっても、それを毎日、積み重ねることで、いずれは大きな差になって現れるということを意味しています。

　例えば、毎日の努力を1とします。それに足して0.01だけ余分に努力をすると、それは1.01になります。

　逆に、0.01だけサボるとします。するとそれは0.99になります。1日だけを見れば、たった0.02の差です。ほとんどわからないほどの差です。

　ところが、これを1年間、365日続けるとどうなるでしょうか。

1.01の365乗＝約38

0.99の365乗＝約0.03

　これだけの差になって現れます。

　この結果からわかるのは「小さな努力であっても、それを積み重ねることで大きな成功を得ることができる」ということです。そして「少しだけサボっているつもりでも、それを積み重ねると、どんどん力を失ってしま

う」ということです。

　大事なことは努力の大きさではなくて、継続させること。これが成功への鍵となるのは間違いありません。

●私が成功した秘訣は何か？

　最後に、私が他の人よりは比較的短期間で成功できた秘訣をお知らせしたいと思います。

　それには次の要因が挙げられます。

・普通の人よりは時間をつぎ込んだ

・ダメなら変化球も投げてみた

・徹底的に調べ、研究した

・マニュアルを一度試したら、それを自分流にアレンジしてやってみた

・失敗しても、絶対、あきらめない

　もともと育った家庭環境が裕福ではなかったので、このまま我慢の人生を送りたくないと思っていました。そのため、「今、何かをしなければいけない」という思いが強かったのです。一般的には、ハングリー精神と言われるものかもしれません。

　扱う媒体はネットであっても、最終的にはマインドの問題が大きいと思います。

● サラリーマンなら20年以上かかる月収を、わずか1年で！

　物販を手がける人に多く見られるのが、月に20〜30万円稼げると、それで満足してしまうことです。これが他の投資と比べると大きく違います。そのため、それ以上、なかなか伸びません。

　しかし、大きく稼ぐ人は、それで留まらずに月に100万円を稼いでいます。私もそうでした。

　サラリーマンならば月100万円を稼げるようになるまでに何年かかるでしょうか。20年以上は確実にかかります。それが物販ならば、わずか1年で可能になります。

　やればやるだけ稼げるのがインターネット・リセリングです。あなたもその仲間入りを果たしてみませんか？

第2章

稼ぎたいなら 「いい情報」だけを 選ぼう

1 使える情報を知っている人は現代の錬金術師

● 使える情報はお金になる

世の中には知らないことが実に多くあります。最近、私は新しい会社を設立しましたが、助成金がたくさんもらえることを初めて知りました。

例えば、60歳以上の高齢者をアルバイトで雇うと助成金が発生したり、その人を正社員にするとさらにまた助成金がもらえます。

起業をして5年ほどになりますが、そのようなことを知識として知りませんでした。私はそれだけでかなり損をしていたことになります。

このことからも、知らない人は損をする世の中になっていることが、はっきりわかりますね。

ただ、そうした情報を知ることは、難しいことではありません。たった2つのことをすればいいだけです。

①意識をする
②アンテナを張る

使える情報を知るだけで、それはお金に変わり、世の中を変えることができます。私はそれこそが情報化時代である現代の錬金術ではないかと思っています。

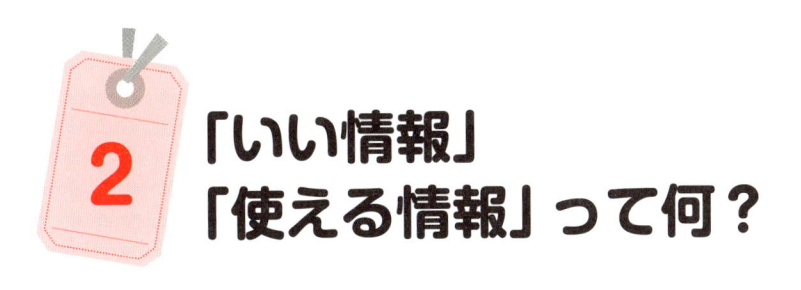

「いい情報」「使える情報」って何？

● 身の回りには使える情報が溢れている

では、「いい情報」「使える情報」とは何でしょうか？　これが実は身の回りに溢れているのです。

例えば、みなさんが家電量販店に行ったとします。すると、店頭には必ずその店のチラシが置いてあります。これなどはまさに、お金が転がっているようなものです。

また、メルマガやSNSでは年中、特売日や時間セール、土・日のセールなどが配信されています。そこにはチャンスが眠っていますので、スパムメール扱いして見逃してしまわないようにしてください。

価格差があるという情報は、使える情報です。それを常にチェックしておきましょう。

参考にいくつかの例を挙げておきます。

●ツイッターのセール情報①（ジャングル秋葉原）

ジャングル(Jan-gle)秋葉原 @jan_gle_akiba · 23時間
【3号店】値下げ情報‼
本日ゲームハード全て大幅に値下げ行いました🐻🖤
PSVITA¥8,400-（税別）
NEW2DSLL¥9,600-（税別）
その他も全て値下げしました🖤
箱無し商品も大特価で販売中😆
ぜひご来店ください✨✨
#akiba

●ツイッターのセール情報②（ビックカメラ池袋本店）

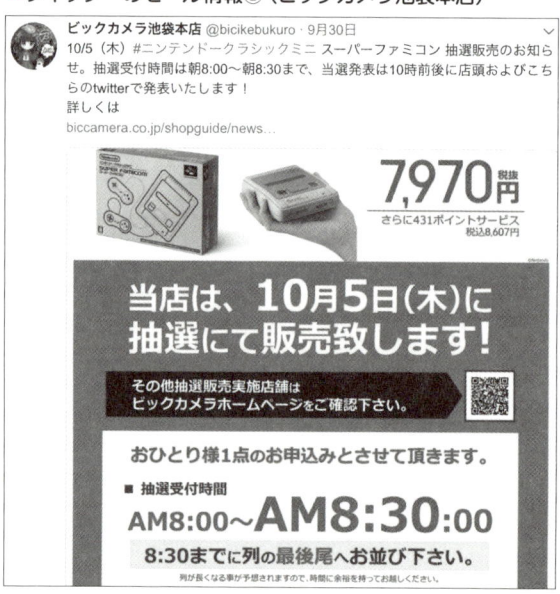

ビックカメラ池袋本店 @bicikebukuro · 9月30日
10/5（木）#ニンテンドークラシックミニ スーパーファミコン 抽選販売のお知らせ。抽選受付時間は朝8:00〜朝8:30まで、当選発表は10時前後に店頭およびこちらのtwitterで発表いたします！
詳しくは
biccamera.co.jp/shopguide/news...

●メルマガのセール情報（ソフトドットコム）

　メルマガは見るだけでも大きな差がつきます。登録しておくだけでさまざまな情報が手に入りますので、欠かさず見るようにしてください。

●ポイントは付加価値として返って来る

　それ以外にもバカにできないのがポイントアップ情報やクーポン情報、特定の読者向けのセール情報です。

　Yahoo!や楽天では前から実施していますし、Amazonでも最近、始めました。ポイント10倍になるものや、5のつく日は5倍など、お得な情報がたくさん発信されています。

- ソフトバンクスマホユーザーならポイント10倍

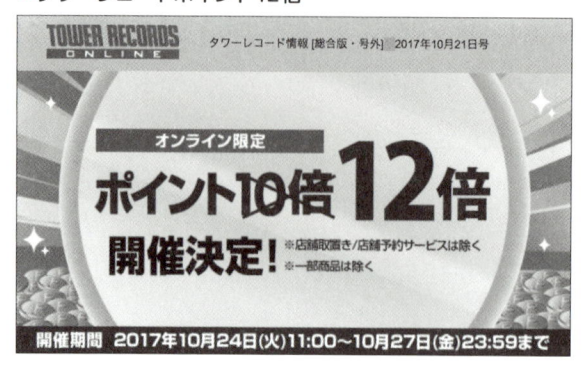

- タワーレコードポイント12倍

- LINE＠アカウントスタート！　クーポンプレゼント

- 読者限定シークレットセール

ポイント自体は利益が出ませんが、それを貯めることでいろいろなものに使うことができます。

　楽天ポイントならば電子マネーであるEdy（エディ）に換算することができ、それを使って買い物もできますし、楽天トラベルで旅行もできます。

　私の会社では毎月、ポイントが何百万円分も貯まり、それを有意義に使っています。

　さらに、クレジットカードにもポイントがついているので、両方のポイントを有効に使えます。

　物販をやっているだけでも、これだけ多くのメリットがあるのです。

トレンド情報を手に入れよう

● 特にトレンド情報には敏感になる

私が一番意識をしているのがトレンド情報です。人間は流行には弱いものです。「これがおいしい」と言われれば、それを食べたくなりますし、流行のファッションがあれば、それに乗り遅れないように自分もそれを買って身につけます。そのような流れを素早く察知し、それを利用すれば大きな儲けに変わります。

中でも特に注目してほしいのが、以下の情報です。

・テレビ　　　　　　　　　・新聞
・インターネット　　　　　・芸能関連

これらを使って話題を仕入れます。最近では、スマホにアプリを入れておけば、最新の芸能ニュースもわかるようになりました。

察知したら、それに関する品物を値上がりする前に手に入れます。誰かが引退するとわかれば、その人物に関する品物を手に入れ、値上がりを待って売りに出せば、大きな収入につながります。

トレンドはお金に変わります。短期間に売り上げを上げるには、トレンド情報は欠かせません。

4 情報はどこから仕入れるか

● 着目すべきメディアは、これだ！

次に、情報の仕入れ方についてお話します。

先ほど説明した通り、テレビやインターネットを見て情報を仕入れるのはもちろんですが、そこの何に着目するかも大事なポイントになります。

例えば、その道のプロの人に聞くとか、業界に精通している人に聞くのもいいでしょう。

あるいは、テレビを見るときにはバラエティ番組を見るとか、ネットならば芸能ニュースサイトや人気ブログもチェックします。新聞ならばあらゆるジャンルにひと通り目を通します。

私がお薦めする雑誌に『日経エンタテインメント！』があります。これは非常に便利です。まさに話題、トレンドの宝庫と言ってもいいでしょう。これ1冊で100万円の価値があると思っています。

日経エンタテインメント! 2017年 10月号 雑誌 – 2017/9/4
日経エンタテインメント! (編集)
★★★☆☆ ▼ 1件のカスタマーレビュー 📖

▶ その他 () の形式およびエディションを表示する

雑誌
￥ 750

￥ 95 より 21 中古品の出品
￥ 710 より 8 新品
￥ 1,124 より 5 コレクター商品の出品

10/24 火曜日 にお届けするには、今から46 時間 38 分以内にお急ぎ便を選択して注文を確定してください（有料オプション。Amazonプライム会員は無料）

　次にお薦めするのが『dマガジン』です。これはdocomoがやっているサービスですが、これも非常にお得です。

　月に432円（税込・2017年12月現在）で雑誌が200誌以上（2017年12月現在）、読み放題になります。メジャー系の雑誌はもちろん、週刊誌や経済誌、女性誌などもしっかりとカバーされています。

　また、雑誌の取り扱い数も年々、増えています。これからもさらに増加することが期待できます。

　価格もお手頃ですし、docomoユーザー以外でも利用が可能です。スマホに限らず、タブレットやパソコンでも利用できます。

　便利な機能がついていることにも注目です。その機能とはキーワード検索。調べたいキーワードを検索すると、関連する記事の一覧が表示されます。いちいち雑誌のページを開かなくても済むので、非常に便利です。

　複数の記事を同時に比較しながら読めるので、時間が空いたときに使えば、楽しみながら見られます。

●dマガジン

● セール情報紹介ブログも要チェック！

この他に、セールをまとめて紹介しているサイトもあります。たくさんありますが、私がお薦めするセールブログサイトがいくつかありますので、それをご紹介しておきます。

● セールブログサイト①

http://gekiyasutoka.com/

● セールブログサイト②

http://fanblogs.jp/nightfly/

● セールブログサイト③

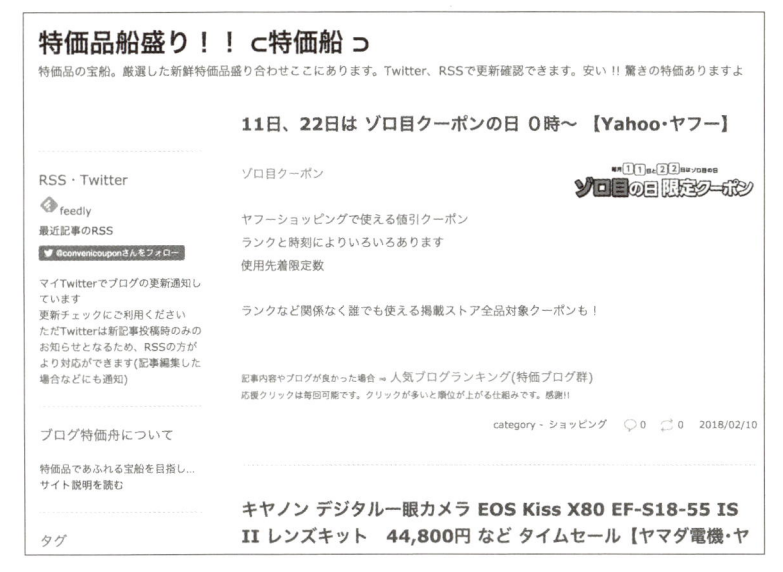

http://convenicoupon.blog.fc2.com/

● Google トレンドも使いこなそう

もう1つ、お薦めのツールがあります。それがGoogleトレンドです。検索エンジンであるGoogle上でどの単語がたくさん検索されたかを知ることができます。

https://trends.google.co.jp/trends/

Googleは世界中で使われている検索エンジンです。これを使えば、どのキーワードがどの地域でどの期間に検索されたかがわかります。

検索数が多いということは、それだけ多くの人が興味を示していること

になります。まさにトレンド情報の宝庫と言ってもいいでしょう。

　使い方としては、キーワードの単語の検索量を調べる他、地域や期間を指定して調べることもできます。また、複数のキーワードを比較して比べることもできます。

●Google トレンド

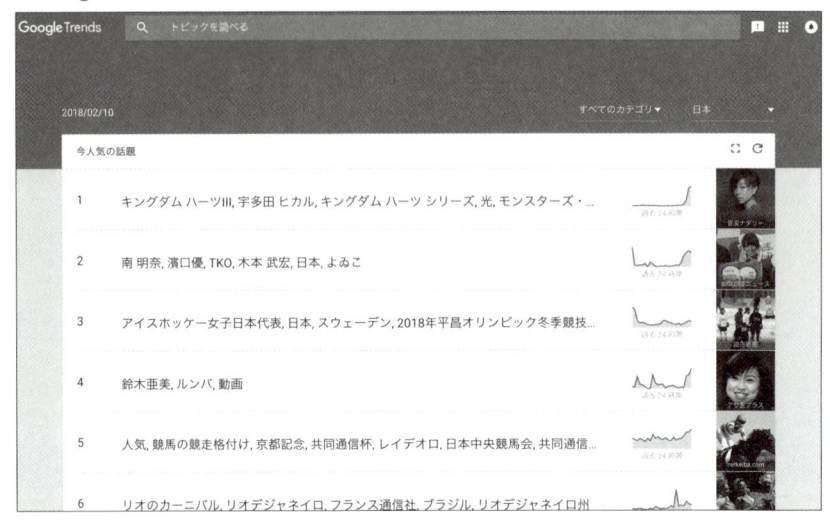

5 情報はどうやって選ぶか？

● メールの選び方を覚えておく

今までいくつかの情報の仕入れ方をお話しましたが、その中でも、一番、基本的な選び方をお知らせしておきます。

ほとんどの人がインターネットを利用して情報を仕入れると思いますので、そのときの仕入れ方のパターンを覚えておいてください。

①SNSでフォローする（ツイッターの場合は過去のツイートも見る）

②メルマガを購読する（セールとは関係ない案内も来るので、「件名にセールが入っている」等、振り分け設定を利用して、必要な情報だけが確実に届くようにする）

③それぞれのネットショップのクセを知っておく（セールのタイミング等）

④セール情報紹介ブログはアフィリエイト目当てのものも多いので、鵜呑みにしない

以上が基本的な仕入れ方になります。情報はあらゆるところから手に入りますから、常に効率化を図るようにして時間を有効に使いましょう。

●こんな情報が儲かりました！

それでは最近の情報を使って値上がりを予想し、利益を上げた例を紹介しておきます。

- ASUKA（飛鳥涼）……薬物で逮捕されたとき、CD等、関連商品が撤去され、市場からなくなった。それを見越して商品を手に入れて販売。
- SMAP……2016年12月31日で解散。これも関連商品を早めに仕入れ、値上がりを待って出品。
- ベッキー……不倫騒動で芸能活動を自粛。写真集などを仕入れ、転売。
- 成宮寛樹……2016年12月、突然、引退表明。関連商品を転売。
- ポテチ……地域限定などの希少品を仕入れ、販売。人気商品はすぐに売り切れる。
- コンビニ限定アイスクリーム……これもすぐに売り切れるので、先に仕入れ、値上がりとともに販売。
- 『NARUTO—ナルト』……連載終了後、一気に価格が急騰。過去の中古の漫画本を仕入れて販売。
- 漫画やアニメの実写化……関連商品が高騰する。情報をキャッチしたならすぐに仕入れ、値上がり後、販売。

この他にもプレミアがつく商品はすぐに市場からなくなり、値上がりしますので、常に情報に目を光らせておくことが大切です。

6 情報集めは
とても楽しい作業

● 好きな分野だからこそ続けられ、地域格差も関係ない

　私は情報を集める作業はとても楽しいと思います。基本的に自分の好きな分野を中心にこのビジネスを始めることをお薦めしているのは、その作業が苦にならないからです。これが好きでもない分野でしたら、毎日の作業が嫌になってしまいます。

　ちょっとした空き時間でもできますし、キーワードを検索するだけで情報はいくらでも得ることができます。

　また、店舗仕入れでしたら地域によって格差が生じますが、インターネットならばどこに住んでいても全員が平等です。格差は生じません。

　日本全国、インターネットがつながるところであれば、誰でもビジネスができます。

　自分の好きな分野で情報を集め、短期に売り上げを上げられるこのビジネスを、みなさんもトライしてみてはいかがでしょうか。

第3章

まずは必要な準備をしよう

ネット物販の流れは単純！

●3つのステップで利益を出す

　最初にネット物販で利益を上げる流れを説明します。これには3つの要素があります。

①データ（ランキングや売れ行き等）に基づき、利益が見込める商品（価格差がある商品）を見つけて購入

②商品の登録作業を行い、Amazonの倉庫に発送

③2週間に一度、銀行口座に売り上げが入金

　これが基本的な流れです。これにプラスして、価格調整や在庫管理を行います。これですべてです。

　後は①のレベルアップを図り、②の効率化を図ればOKです。単純ですね。

　ただ、これらの作業をする前にやっておくべき準備がいくつかあります。次の項目からは、その準備の方法を説明しましょう。

Google Chromeを
インストールしよう

2

● ブラウザはChromeを使うのが前提

初めにブラウザを設定します。もし、あなたが現在、SafariやInternet Explorer、Microsoft Edgeを使っているならば、インターネット物販には欠かせないツールを使うためにも「Google Chrome」（グーグルクローム）というブラウザを必ずインストールしてください。無料でダウンロード、インストールできます。

これからお話することはすべてこのGoogle Chromeを前提として進めていきます。

https://www.google.co.jp/chrome/

もともとGoogle Chromeはシンプルなブラウザでしたが、拡張機能をいろいろとつけられるメリットがあります。そうした拡張機能を使えば、例えば、商品を調べている最中に、他のネットショップではその商品がいくらしているのかをすぐに出すことができます。

また、Chromeの最新機能を備えたGoogle Chrome Canaryというのもありますので、これも一緒にインストールしておきましょう。見た目はアイコンが黄色くなっただけですが、スピードが格段に速いのが特徴で

す。通常のChromeの4倍、体感では5倍くらいの速さです。拡張機能も
そのまま使えますので、両方をインストールしておき、使い分けるように
します。

● Canaryのダウンロード画面

● Chromeをダウンロードしてインストールしよう

それではここからダウンロードの手順をお話していきます。Canaryも
作業は同じですので、ここではGoogle Chromeの場合で手順を説明し
ます。

最初に以下のURLにアクセスします。

https://www.google.co.jp/chrome/browser/desktop/index.html

「より速く、安全にウエブを閲覧」の下にある「Google Chromeを無料ダウンロード」をクリックします。

● ダウンロード画面

クリックすると、「Google Chrome利用規約」のポップアップが表示されますので、「同意してインストール」をクリックします。

● 利用規約の画面

次はユーザーアカウント制御です。「はい」をクリックし、インストールを続行します。

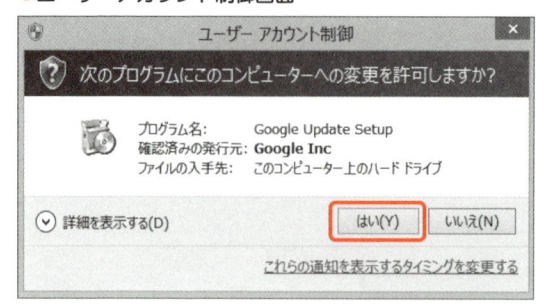

　クリックするとChromeのインストールが始まります。

●インストール中の画面

　インストールが完了すると、「Chromeにようこそ」というウィンドウが表示されますので、「次へ」をクリックします。

● Chromeにようこそ画面

既定のブラウザを選択します。

● ブラウザ選択の画面

選択をするとChromeが表示されます。これでインストールは完了です。Googleアカウントにログインをすると、すべてのデバイスでブックマーク、履歴、設定にアクセスすることができます。Googleアカウントを持っていない、あるいは必要ない方は「今回はスキップ」をクリックします。

●Chromeへようこそ画面

インストールが完了するとデスクトップとタスクバーにChromeのアイコンが作成されます。

●他のパソコンやスマホ、iPadにもChromeをインストールする

みなさんが自宅で使っているデスクトップパソコンや外で使うノートパソコン、そしてスマホやiPadにもChromeをインストールしておけば、それぞれに入っているChromeのデータを同期する（同じ状態にする）ことができますので、ぜひともChromeをインストールすることをお薦めします。

もし、わからないことがあれば、ネットで「Chromeをインストール」と検索すれば、詳しく説明がされていますので、参考にしていただければと思います。

3 Googleアカウントを作成しよう

● Googleアカウントがあれば、いつでもどこでも作業ができる

次に1つのアカウントでGoogleのすべてのサービスを利用できるGoogleアカウントを作成します。同じGoogleアカウントを使えば、デバイスを切り換えても、そこから作業が継続できます。

Googleアカウントを作成する場合、Gmailアカウントを同時に作成する方法と、既にお持ちのGmail以外のメールアドレスをメインアドレスとしてGoogleアカウントを作成する方法がありますが、ここでは同時に作成する方法をお薦めします。端末を変えても、自分のアカウントでログインさえすれば、さまざまな情報がすべて引き継がれるからです。

旅先で何も入っていないパソコンであっても、Gmailを使えばすべて同期しますし、新しいパソコンを買っても、以前のパソコンでインストールしていた拡張機能などをインストールし直す必要がなくなります。データがすべて引き継がれ、シンクロナイズされるわけです。

● GoogleとGmailのアカウントを取得しよう

それでは取得方法を説明します。

まず、下記のURLにアクセスします。

https://www.google.com/accounts/Login?hl=ja

　画面下部に表示されている「アカウントを作成」と書かれたリンクをクリックしてください。新しいGoogleアカウントを作成するための画面が表示されます。

● Googleアカウントの作成画面

　最初に「名前」「ユーザー名」「パスワード」を入力します。

　「名前」には、ご自分の「姓」「名」を入力してください。

　「ユーザー名」には、他の人が使用していない任意の名前を指定できます。このユーザー名が、同時に作成するGmailアカウントで使用するメールアカウントになります。例えば、"nk-project"と指定すると、メールアドレスが"nk-project@gmail.com"のメールアカウントが作成され、Googleアカウントのユーザー名も"nk-project@gmail.com"になります。Gmailのメールアドレスとして使用される「ユーザー名」はアカウント取得後は変更できませんので注意してください。

　「パスワード」は、GmailアカウントおよびGoogleアカウントにログインするときのパスワードになります。

● 生年月日、性別、携帯電話、別のメールアドレス画面

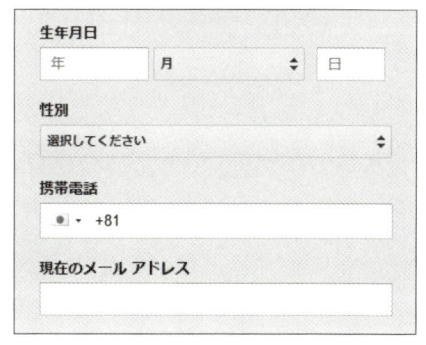

　次が「生年月日」「性別」「携帯電話」「別のメールアドレス」です。

　「誕生日」「性別」は必須項目です。特に生年月日は後から基本的に修正

できません（例外もあります）。また、Googleアカウントは13歳未満の人

は利用できません。正確な値を入力してください。

　「携帯電話」「別のメールアドレス」は必須項目ではありませんが、設定

しておくとパスワードを忘れてしまった場合などにパスワードのリセット

を行うことができます。また、ここで指定した「別のメールアドレス」

はGmailの予備のメールアドレスとして設定されます。Googleアカウン

トの予備のメールアドレスではありませんので注意してください。

● CAPCHAと国の画面

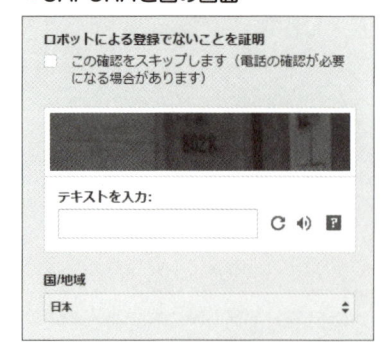

　次が「CAPCHA」「国」です。

　CAPCHAは自動でアカウントが登録されるのを防ぐためのもので、画面に表示されている2つの文字列を続けてテキストボックスに入力します。読みにくい場合はテキストボックスの右にある回転する矢印のようなアイコンをクリックすると文字が変わります。

　省略も可能ですが、その場合は次のページで音声電話またはテキストメッセージによる確認が必要になる場合があります。

● 矢印のアイコン

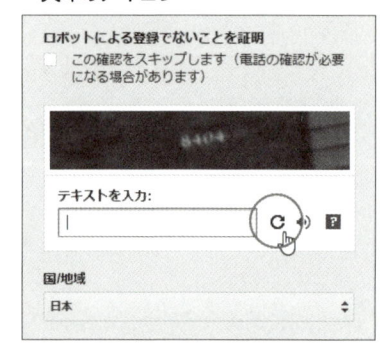

また、利用する「国/地域」をドロップダウンメニューから選択してください。

● 利用規約とプライバシーポリシーの画面

　　　　□　　Google の利用規約とプライバシー ポリシーに
　　　　　　 同意します。

　最後が利用規約とプライバシーポリシーへの同意です。

　Googleの利用規約およびプライバシーポリシーが表示されるページへのリンクがあります。よく読んで同意できる場合はチェックをしてください。

　同意できない場合はカウントを作成できません。

● 次のステップ

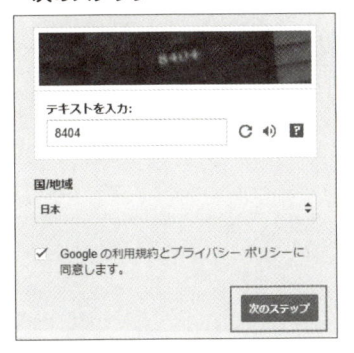

　以上の項目に入力が終わりましたら、「次のステップ」と書かれたリンクをクリックしてください。

入力された内容に問題がなければ、この時点でGoogleアカウントは作成されます。

● ようこそ！画面

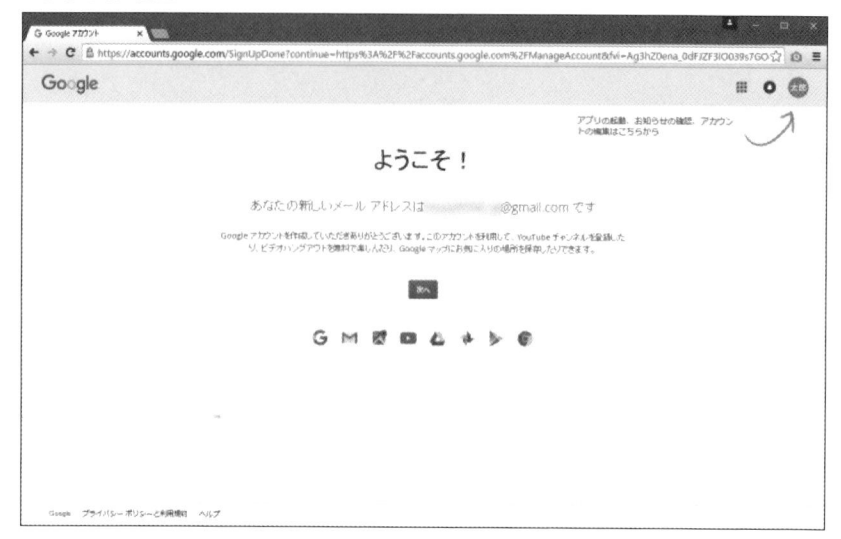

　続いてGoogle+のプロフィール作成画面が表示されます。プロフィールの設定は後からでも行えますので、今回は「使用しない」と書かれたリンクをクリックしてください。

●完了画面

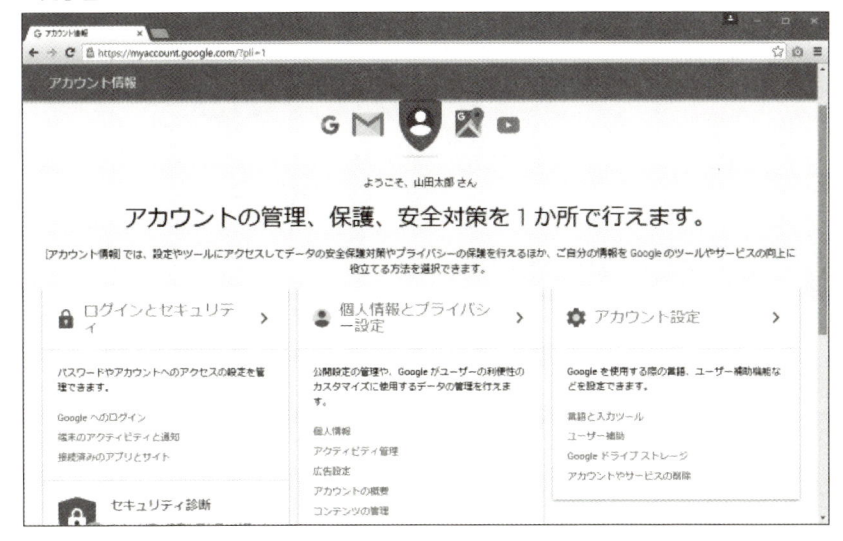

最後にこのような画面が表示され、Googleアカウントの作成はすべて
完了になります。

4 拡張機能をインストールしよう

● ほしい機能は追加できる

　拡張機能はリサーチをするときに役に立つものです。簡単に言うと、「便利な機能」です。

　例えば、ボタン1つで英語の意味を調べたり、Amazonで見ている商品が楽天ではいくらするのか、値段を比較してくれたり、その数は無限にあります。

　Google Chromeはシンプルなブラウザですから、ほしい機能は拡張機能として追加するようになります。ただし、パソコンだけしかできません。

●拡張機能がついたものとついていないものとの比較

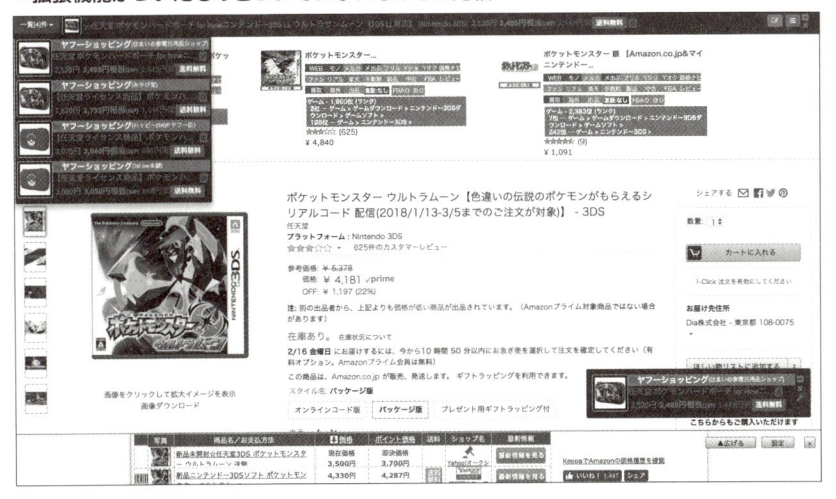

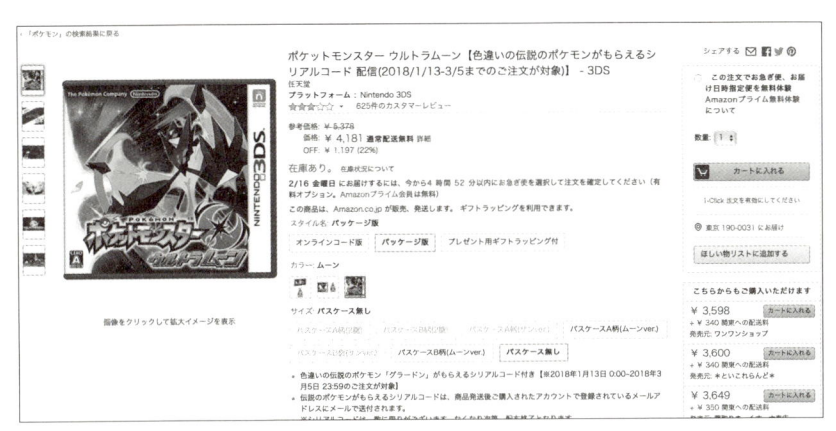

●拡張機能をインストールしよう

　インストール方法はChromeウェブストアにアクセスして、そこで行

います。

https://chrome.google.com/webstore

● Chrome ウェブストアの画面

● インストールしておきたい拡張機能

それでは私がお薦めする拡張機能を紹介していきます。

① Google Auto Next Page

Googleの検索結果ページの次ページに移動する際、「次へ」をクリックしなくてもスクロールだけで自動的に続きを表示してくれる拡張機能です。

先のページに進んだ後、ページを指定して素早く戻る機能も備えています。利用にあたってはGoogleのインスタント検索をオフにする必要があります。

●Google Auto Next Page

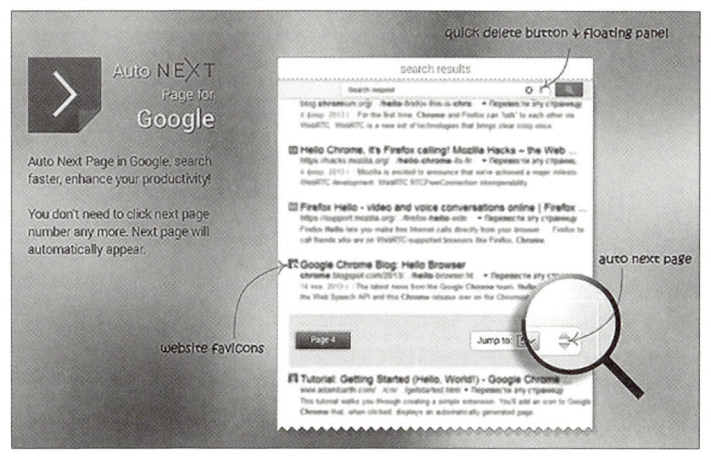

②ショッピングリサーチャー

　私が開発に関わっている拡張機能です。Amazon上で他社サイトとの比較や、価格推移の確認ができます。US、JP、IT、FR、UK、DEのアマゾンに対応。さらにヤフーショッピング、ヤフオク！、楽天、モノレートにダイレクトに遷移することが可能です。

●ショッピングリサーチャー

③AMAZON.CO.JP検索＆右クリック

ウェブ上の文章を選択して右クリックでAmazon.co.jpで検索できるようにする拡張機能です。

● AMAZON.CO.JP検索＆右クリック

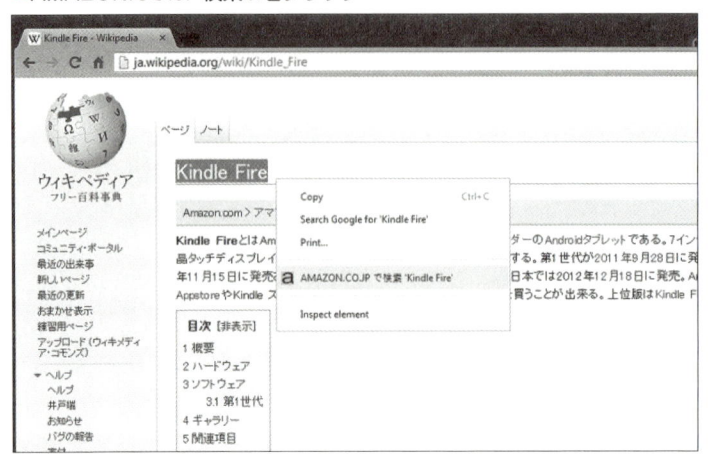

④価格比較プライスチェッカー　Price Checker

オンラインショッピング中にその商品の価格を自動で比較して、より安い価格の他のショッピングサイトをお知らせします。

対応サイトはヨドバシ、価格com、Amazon、Yahoo!、楽天など10万以上です。

● 価格比較プライスチェッカー　Price Checker画面

⑤自動価格比較／ショッピング検索（Auto Price Checker）

　ショッピング中に自動的に他のショッピングサイトを検索し、安い価格順に10件表示します。検索対象は8万店以上です。

● 自動価格比較／ショッピング検索（Auto Price Checker）

⑥モノサーチ拡張機能

　ネットサーフィンからショッピング・せどり・画像検索まで使える便利ツール。リンクボタンから他のサイトで素早くチェックできます。

　商品の価格・ランキングも表示。FBA料金シミュレーターの履歴機能もついています。

● モノサーチ拡張機能

⑦ Keepa-Amazon Price Tracker

　Amazonでの商品の価格、ランキングの推移をグラフにしてページ内に表示させます。

● Keepa-Amazon Price Tracker

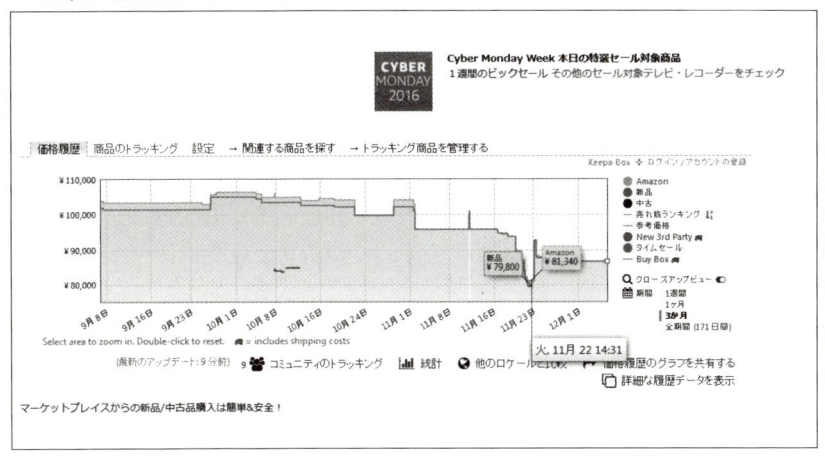

　利用方法がわからない場合は、拡張機能の名前を入れてネットで検索してください。さまざまな利用方法が書かれていますので、参考にしてほしいと思います。

Amazon出品アカウント を作成しよう

● 出品アカウント作成に必要なものは？

　ここではAmazonで商品を販売する上で必要となるAmazon出品者アカウントの作成方法をお知らせします。これが終われば、あなたはAmazonでお店が持てます。

　必要なものは以下になります。

・Amazonのユーザーアカウント

・クレジットカード（デビットカードも利用できる場合があります）

・銀行口座

・メールアドレス（先ほど取得したGmailアドレス）

　まだ一度もAmazonで商品を購入していない人は、最初にAmazonカウントを作成してください。Amazonにアクセスすればすぐにできます。

　登録したアドレスにはお客様からの問い合わせやAmazonからの重要なメールが届きますので、専用のアドレスを使うようにしてください。

●大口出品で登録しよう

　出品登録を行う際には、「大口出品」「小口出品」のどちらで出品するかを決める必要があります。

　それぞれの違いは、次の通りです。

●大口料金プラン

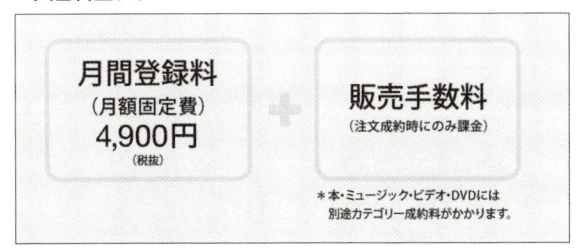

●小口料金プラン

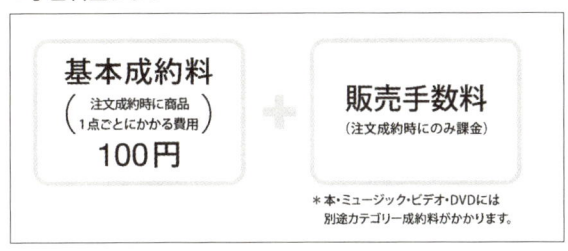

● 大口と小口出品の違い

大口と小口出品の違い 機能比較の早見表

	大口出品	小口出品
月間登録料	4,900円	—
基本成約料 (成約商品 1点につき 100円)	—	✓
オリジナル 商品の出品	✓	—
一括出品 ツールの 利用	✓	—
注文管理 レポートの 利用	✓	—
出品者独自 の配送料金 とお届け 日時指定 の設定(*3)	✓	—
購入者へ 提供できる 決済方法	クレジットカード Amazonギフト券 コンビニ決済 代金引換 Edy払い 「Amazon ショッピング カード」 請求書払い (Amazonが認定する法人・ 個人事業主のお客様のみ)	クレジットカード Amazonギフト券 「Amazon ショッピング カード」
出品できる カテゴリー	今すぐ出品 が可能 **書籍** 文房具 オフィス用品 ミュージック ホーム &キッチン ビデオ DIY・工具 車用品 DVD おもちゃ &ホビー PCソフト スポーツ &アウトドア TVゲーム ベビー &マタニティ エレクトロニクス 楽器 出品許可が必要 **時計** ドラッグストア アパレル シューズ バッグ コスメ ジュエリー 食品&飲料 ペット用品	今すぐ出品 が可能 **書籍** 文房具 オフィス用品 ミュージック ホーム &キッチン ビデオ DIY・工具 車用品 DVD おもちゃ &ホビー PCソフト スポーツ &アウトドア TVゲーム ベビー &マタニティ エレクトロニクス 楽器

見ていただければおわかりだと思いますが、これから物販で稼いでいきたい人であれば、間違いなく大口出品が圧倒的に有利になります。

小口出品では意味がありませんので、必ず大口出品に登録してください。

● 出品アカウントを作成しよう

出品登録する際にはクレジットカード番号（初回認証用、デビットカードも可能）、住所、電話番号、銀行口座番号（代金の振込口座）が必要になるので、準備をしてください。

それでは出品アカウントの作成方法を説明していきます。ただ、この手続き方法は変更になる場合がありますので、ここでは平成29年12月20日現在での方法となります。

まず「Amazon出品サービス」にアクセスします。

https://services.amazon.co.jp/

「今すぐ登録する」をクリックして、大口出品、小口出品、いずれかのオンライン登録を選びます。ここでは大口出品を選んで行います。

● 出品登録画面

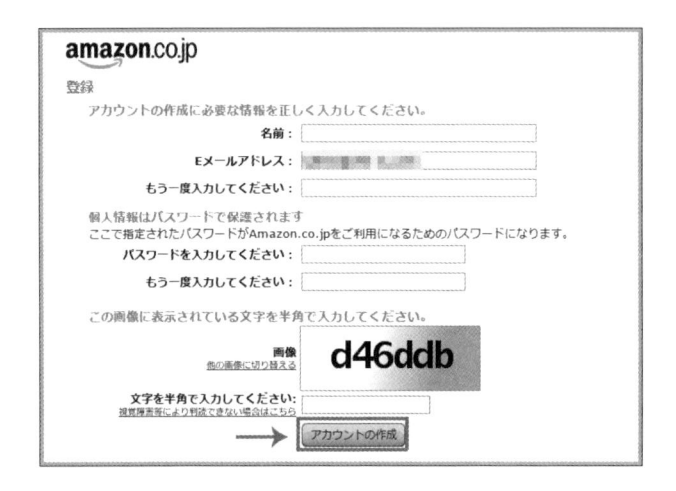

　出品登録の手順や注意事項を確認し、店舗名（ニックネーム）、出品用ア
カウントの情報を入力します。

　正式名称は、Amazonでの店舗名になりますので、普通の名前を入力し
ましょう。○○商事、○○ショップなどでもいいです。ただし、「Amazon」

とか「アマゾン」と店舗名に入れるのは、規約違反になります。

● 画面①

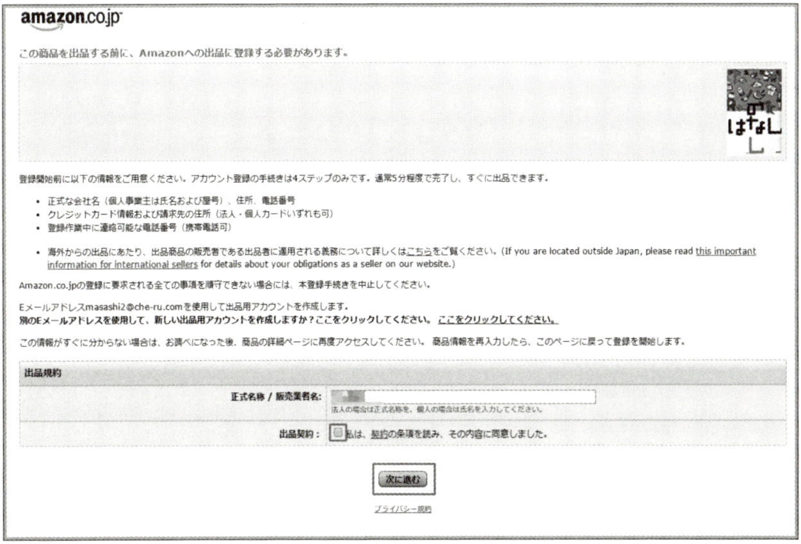
amazon.co.jp

この商品を出品する前に、Amazonへの出品に登録する必要があります。

登録開始前に以下の情報をご用意ください。アカウント登録の手続きは4ステップのみです。通常5分程度で完了し、すぐに出品できます。

- 正式な会社名（個人事業主は氏名および屋号）、住所、電話番号
- クレジットカード情報および請求先の住所（法人・個人カードいずれも可）
- 登録作業中に連絡可能な電話番号（携帯電話可）

- 海外からの出品にあたり、出品商品の販売者である出品者に適用される義務について詳しくはこちらをご覧ください。(If you are located outside Japan, please read this important information for international sellers for details about your obligations as a seller on our website.)

Amazon.co.jpの登録に要求される全ての事項を順守できない場合には、本登録手続きを中止してください。

Eメールアドレスmasashi2@che-ru.comを使用して出品用アカウントを作成します。
別のEメールアドレスを使用して、新しい出品用アカウントを作成しますか？ここをクリックしてください。 ここをクリックしてください。

この情報がすぐに分からない場合は、お調べになった後、商品の詳細ページに再度アクセスしてください。 商品情報を再入力したら、このページに戻って登録を開始します。

出品規約

正式名称 / 販売業者名:
法人の場合は正式名称を、個人の場合は氏名を入力してください。

出品契約： 私は、契約の条項を読み、その内容に同意しました。

次に進む

プライバシー規約

● 画面②

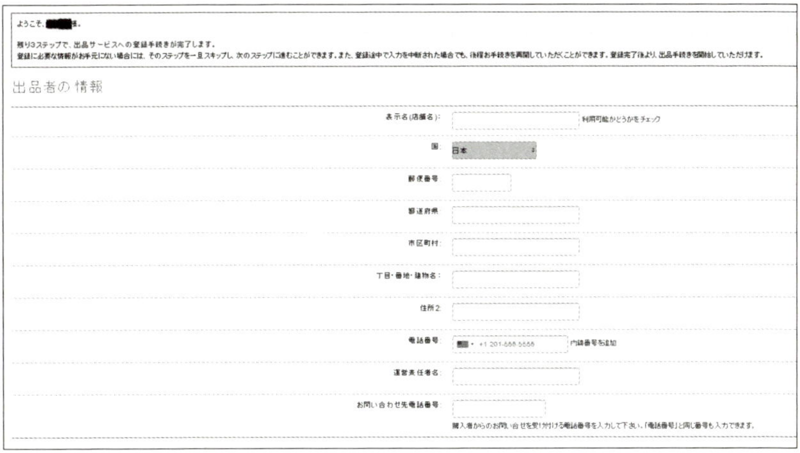
ようこそ、[redacted]様。

残り3ステップで、出品サービスへの登録手続きが完了します。
登録に必要な情報がお手元にない場合には、そのステップを一旦スキップし、次のステップに進むことができます。また、登録途中で入力を中断された場合でも、後程お手続きを再開していただくことができます。登録完了後より、出品手続きを開始していただけます。

出品者の情報

表示名(店舗名): 利用可能かどうかをチェック
国: 日本
郵便番号:
都道府県:
市区町村:
丁目・番地・建物名:
住所2:
電話番号: +1 201-555-5555 内線番号を追加
運営責任者名:
お問い合わせ先電話番号:
購入者からのお問い合せを受け付ける電話番号を入力して下さい。「電話番号」と同じ番号も入力できます。

クレジットカード情報（デビッドカード情報）、請求先住所を入力します。

● **クレジットカード情報画面**

● 電話による本人確認をしよう

　初めて出品するときには、登録を完了する前に電話によるPIN番号（暗証番号）の認証が必要になります。電話による本人確認画面で、以下の手順で認証を行います。

　まず、本人番号を行う電話番号を選択、または入力し、電話を受けるボタンをクリックします。

● 電話による本人確認画面

Amazon.co.jpの自動音声システムから選択した電話番号に電話がかかります。

自動音声に従って画面に表示されているPIN番号をプッシュ式電話の数字ボタンを押すか、または口頭で伝えます。

● 暗証番号画面

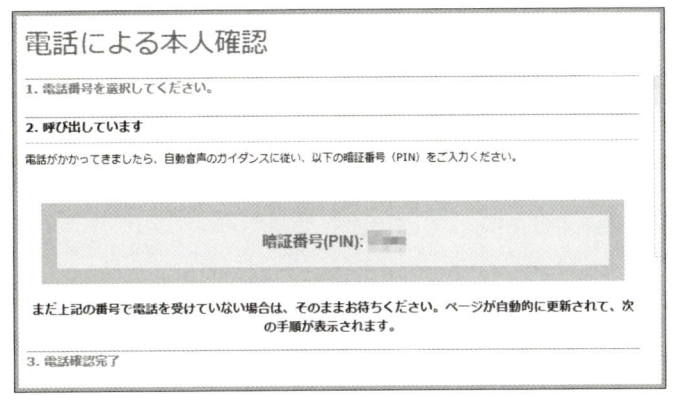

PIN番号が認証されると画面が変わり、本人確認が終了します。

「終了し、次に進む」のボタンをクリックします。

● アカウントを設定画面

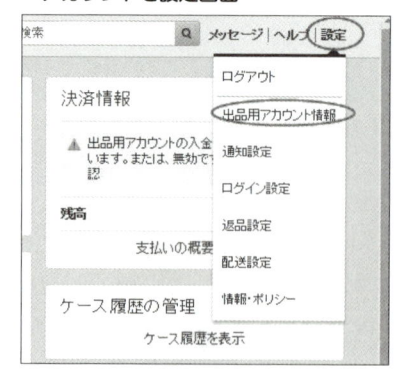

　本人確認終了後、アカウント設定が完了しましたと表示されるので、出品開始をクリックすると、セラーセントラルにログインします。セラーセントラルとは、出品者専用のページで、商品の出品に関することは基本的にここで行うことになります。

● 売り上げの入金口座を設定しよう

　セラーセントラルにログインすると、右側に銀行口座登録情報を確認するメッセージがあるので、こちらをクリックします。

● Amazon 出品コーチ画面

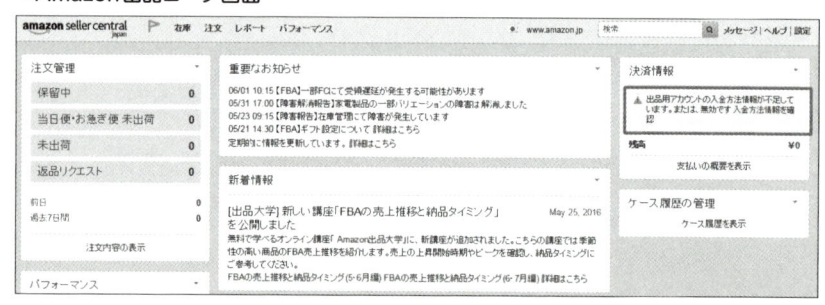

銀行口座情報欄の登録をクリックします。

● 出品用アカウント情報画面

```
Amazon海外口座送金サービスのお問い合わせ対応と連絡については、こちらをご覧ください。

出品用アカウントの銀行口座情報を更新する際は、こちらをご覧ください。

Amazon海外口座送金サービスをご利用になる場合、設定 > 出品用アカウント情報 にある会社住所と正式名称 には、半角英数字のみをご使用ください。

Amazon.co.jp 銀行口座情報
```

銀行所在地

銀行所在地: 日本 ▼

売上金額振込先(初期設定)

4桁の銀行番号	例: 1234 銀行に問い合わせてこれらの番号を確認してください。
3桁の店番	例: 123 銀行に問い合わせてこれらの番号を確認してください。
口座の種類:	- いずれかを選択 - ▼
銀行口座番号:	
銀行口座番号を再入力してください	
口座名義人(銀行に登録されている口座名義人名と一致させてください。銀行名は含めないでください):	大文字の英数字または半角カタカナで入力してください。小文字は入力できません。また、全角スペースや位置、半角スペース、3桁連続してください。銀行口座名人名の名称が入力文字または表示されると上の場合、振り込み手続きが行われませんので、お気を付け下さい。必ず行先は詳細はこちらをお読みください。ご入力ください。[詳細はこちら]

[キャンセル] [送信]

情報を入力して最後に送信をクリックして完了です。

● 入金方法画面

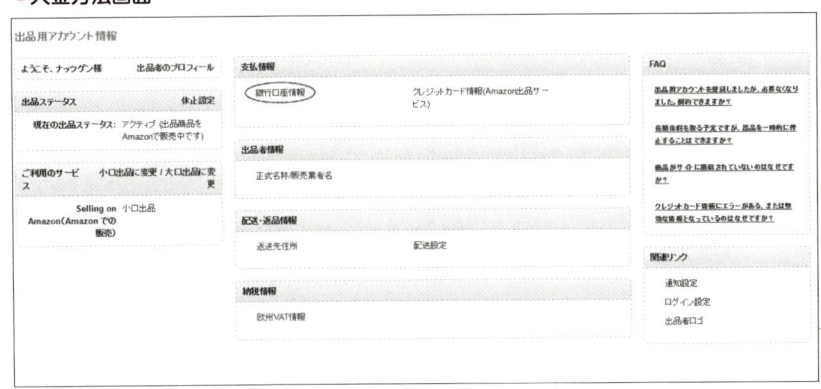

第4章

売れる商品を
リサーチしよう

利益が出る商品は
2種類しかない

● 探すべきは「定価より安い」か「プレミア価格」の商品

インターネット・リセリングで利益を出すには2つのパターンがあります。それが次の2つです。

①Amazonの定価より安い商品を見つけて仕入れる
②プレミア価格（定価超）の商品を見つけて仕入れる

①は他のサイトでセール（値引き）、特価商品などで安く売っている商品を仕入れて、Amazonで高く売るということです。

②のプレミア価格とは、Amazonで定価より高い価格ということです。限定性・希少性などから価格が高騰している商品を狙います。物販で大きな収益を上げている多くの人が扱っています。

● プレミア価格の商品は意外と簡単に見つかる

インターネットは日本中の人が買い物をする場です。Amazonで売り切れていても、プレミア価格の商品でも、インターネットの他のショップで通常の価格で売られていることがあります。

また、プレミア価格の商品は、旧型の商品でもよく見つかります。例え

ば、ゲームで言えば、ニンテンドー、プレイステーション、XBOXなどでは、最新の商品ではなく、旧型の商品のほうが利益が出る場合があります。

　利益の出る商品のパターンを知ってリサーチをしましょう。

2 相場を動かす4つの要因を押さえておこう

●4つの要因を意識してリサーチする

　世の中に出ている商品には相場というものが存在します。これは「需要」と「供給」のバランスで決まります。

　例えば、需要が供給を上回ると価格が上昇し、逆に供給が需要を上回ると価格は下落します。インターネット・リセリングでは、当然、需要が供給を上回る商品をリサーチします。

　価格が高騰する要因は4つあります。それぞれを見ながら解説していきましょう。

①時間

　商品は時間が経てば経つほど消費したり、なくしたりして少なくなっていきますから、昔のものほど価値が出てきます。

　ただ、いくら古くても需要がなくては意味がありませんから、需要のある古いものをリサーチします。

　昔のソフトとか、DVD、ファミコンなどが代表的な商品です。

● **ファミリーコンピューター本体 1983**

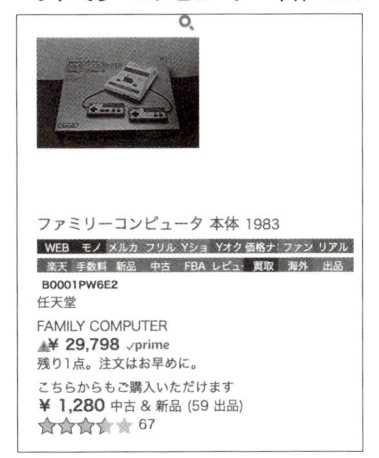

ファミリーコンピュータ 本体 1983

| WEB | モノ | メルカ | フリル | Yショ | Yオク | 価格ナ | ファン | リアル |
| 楽天 | 手数料 | 新品 | 中古 | FBA | レビュ | 買取 | 海外 | 出品 |

B0001PW6E2
任天堂
FAMILY COMPUTER
￥ **29,798** √prime
残り1点。注文はお早めに。
こちらからもご購入いただけます
￥ **1,280** 中古 & 新品 (59 出品)
★★★☆☆ 67

②場所

　地域限定商品は、その地域でしか買えないために供給が足りなくなり、価格が上がります。

　私はサッポロビールが好きですが、北海道の札幌に行ったとき、そこで飲んだ北海道限定のビール「サッポロクラシック」がおいしかったので、今も高くても買っています。店舗では売っていませんから、ネットで買います。

　このような商品が地域限定商品になります。いわゆるご当地ものと呼ばれるものです。

　食品が多いですが、グッズなどもあります。

● キットカットミニ・わさび・静岡土産

ご当地キットカット ミニ【静岡土産】田丸屋本
店わさび(12枚入) 地域限定 -ネスレ

| WEB | モノ | メルカ | フリル | Yショ | Yオク | 価格ナ | ファン | リアル |
| 楽天 | 手数料 | 新品 | 中古 | FBA | レビュ | 買取 | 海外 | 出品 |

B009QSPT1W
キットカット

¥ 1,390 √prime
残り1点。注文はお早めに。

こちらからもご購入いただけます
¥ 864 新品 (9 出品)
★★★★☆ 4

③希少性

　1日限定、初回限定、限定生産など、数が少ない限定商品は、数が決まっていますから、それ以上は手に入らなくなります。どうしてもほしい場合は、高くてもネットなどで探して買うしかありません。

● 楽しいムーミン一家コンプリートDVD-BOX限定盤2011

楽しいムーミン一家 コンプリートDVD-BOX 限
定版 2011

| WEB | モノ | メルカ | フリル | Yショ | Yオク | 価格ナ | ファン | リアル |
| 楽天 | 手数料 | 新品 | 中古 | FBA | レビュ | 買取 | 海外 | 出品 |

B005WLHJNI
主演: 髙山みなみ
DVD 初回限定生産
▲¥ 117,000 中古 & 新品 (4 出品)
★★★★★ 34

④流行

　誰かがYouTubeなどでつぶやくと瞬く間にそれが広がり、次の日には
その商品が売り切れになったりします。

　最近ではテレビよりもYouTubeのほうが速く、話題になるようです。

● 究極のTKG

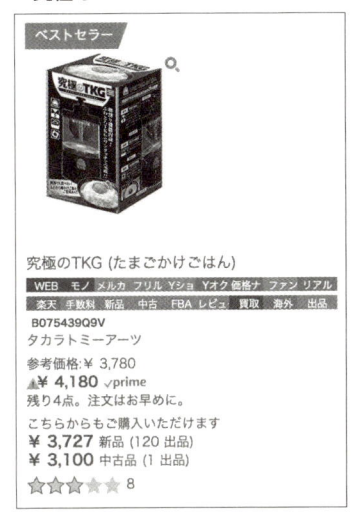

相場を動かす4つの要因を常に意識してリサーチを続けましょう。

3 興味のある分野から始めよう

● 好きでないと続かない

　私はよく生徒さんなどから「一番儲かるジャンルは何ですか？」と聞かれますが、それには「あなたの好きな、興味のあるジャンルから始めてください」と答えることにしています。

　確かにジャンルを比較した場合、儲かりやすいジャンルは存在します。例えば、メディアとかゲーム、DVDなどは比較的、利益が出やすいジャンルです。

　しかし、いくら利益が出やすいジャンルと言っても、それにまったく興味がなく、嫌々やっていてはとても続きませんし、作業の効率も悪くなります。それよりは自分が好きな、興味のあるジャンルのほうが効率も上がりますし、進んで仕事に向かえるようになるはずです。

● 好きであることは武器になる

　また、好きなジャンルであれば、その分野に詳しいはずです。当然、売れている商品や人気のある商品を見つけるのも難しくありません。何が売れるかを予想するのも楽しい作業になるでしょう。

　私のスタッフに靴に詳しい人間がいました。彼はあまり人が興味を持たない靴であっても、マニアが喜ぶようなものを仕入れ、販売して利益を出

していました。これなどは自分の好きなジャンルを上手に活かしたビジネスと言えるでしょう。

　いくら商売、ビジネスと言っても、楽しむことが前提でないと長くは続きません。特に初心者は挫折をしやすいですから、好きなジャンルから始めることをお薦めします。

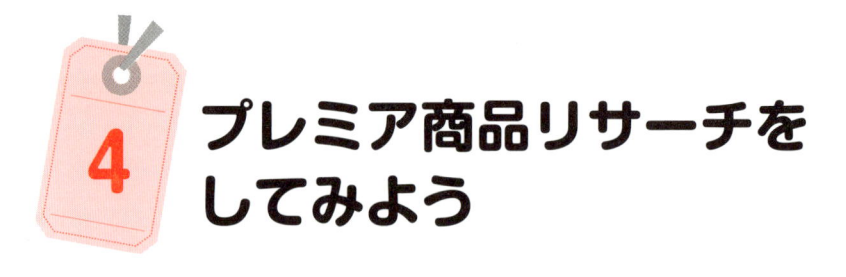

プレミア商品リサーチをしてみよう

● 定価超えの商品は簡単に見つかる

　この章の初めの項目でお話した利益が出るパターンとして、Amazonで値段が上がっている商品＝プレミア商品を売るというのがありました。このプレミア商品を見つける方法がプレミア商品リサーチです。

　これは簡単にできます。Amazonで、自分が扱いたいジャンルをクリックし、そこの商品の中で定価に線が引いてあるものは定価割れの商品で、逆に参考価格、新品価格よりも高い値段がついているものがプレミア商品です。

　最近ではわかりやすいように価格の左に三角マークのアイコンが表示されています。これがプレミア商品です。このような商品を検索してリサーチします。

● プレミア商品、定価割れ商品

　日本のAmazonでは、日々、24億円の取引があると言われていますが、2017年10月8日現在、DVDに絞っても138万件のプレミア商品がありますので、いくらでも探すことができます。

　また、Amazonの取引高は右肩上がりですから、プレミア商品が減ることはありません。他のサイトで安く仕入れられれば、いくらでも稼ぐことができるでしょう。

● 裏技で探す方法もある

　裏技を使って定価あるいは定価超えの商品を検索する方法もあります。

　探したいジャンルのURLの最後にあるキー（URL記号）を記入して検索します。すると、定価以上の商品が自動的に表示されるのです。

　その特殊なキーは、下記になります。

●つけ加えるURL記号

```
tps://www.amazon.co.jp/s/ref=nb_sb_noss_1?__mk_ja_JP=カタカナ&url=search-alias%3Ddvd&field-keywords=ポケモン&pct-off=-0
```

　このキーをつけ加えるだけで定価あるいは定価超えの商品だけが表示されますので、時間を短縮するときには非常に便利な方法です。

　一般の方はほとんど知らないと思いますが、このビジネスをやっている人にはよく知られているの手法ですので、覚えておきましょう。

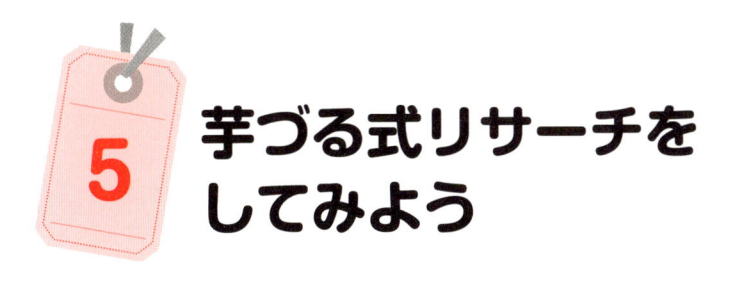

5 芋づる式リサーチを
してみよう

● 利益が出る商品を1つ見つけたら、関連する商品も調べよう

　Amazonのサイトでは、1つの商品を検索すると、以下のように関連する商品が紹介されるようになっています。それを利用して関連する商品をつぎつぎに見つけていく方法が、芋づる式リサーチです。

● この商品を買った人はこんな商品も買っています

●この商品を見た後に買っているのは？

この商品を見た後に買っているのは？

 ポケットモンスター パール(特典なし) Nintendo DS
任天堂
★★★★☆ 131
¥ 5,800 ✓prime

 ポケットモンスター プラチナ(特典無し) Nintendo DS
任天堂
★★★★☆ 166
97個の商品：¥995から

 ポケットモンスター ブラック Nintendo DS
任天堂
★★★★☆ 374
¥ 4,940 ✓prime

 ポケットモンスター ホワイト Nintendo DS
任天堂
★★★★☆ 261
¥ 3,800 ✓prime

●よく一緒に購入されている商品

よく一緒に購入されている商品

 +  +

総額：¥19,737

[3点ともカートに入れる]

これらの商品のうちの1つが他の商品より先に発送されます。 詳細の表示

☑ **対象商品:** ポケットモンスター ダイヤモンド(特典なし) - 任天堂 Nintendo DS ¥8,997
☑ ポケットモンスター パール(特典なし) - 任天堂 Nintendo DS ¥5,800
☑ ポケットモンスター ブラック - 任天堂 Nintendo DS ¥4,940

　私の講座を受けている生徒さんには、「まず頑張って、利益が出る商品を1つ見つけてください」と言っています。それが見つかれば、後は芋づる式に商品を見つけていくことができるからです。

● 評価の高い出品者が出している商品も参考にしよう

商品でなく出品者から芋づる式にリサーチすることもできます。

Amazonで商品を出品し、販売したことのある出品者には、その評価が表示されています。みなさんもAmazonで商品を買った後、評価を求めるメールが来たことがあるでしょう。

この評価は誰もがしているわけではありません。だいたい30件に1件ぐらいの割合でしか評価はされていないと言われています。

そのため、評価件数が多く、高評価が表示されている出品者は、かなりの割合で優秀な出品者と言うことができます。

そこで、そのような出品者、ショップが見つかったならば、その出品者、ショップが他に何を出品しているのかを見てみることをお薦めします。そこには利益が出やすい商品が並んでいるはずです。それを参考にあなたが出品する商品を検討するといいでしょう。

利益を多く上げている出品者は必ず評価も高くなっています。そこに注目してリサーチをしてください。

6 リバースリサーチを してみよう

● 他のサイトやショップで安く売られているものを 探そう

リバースリサーチは、他のサイトやショップでAmazonよりも安く売られているものを探す方法です。

例えば、楽天市場で「アウトレット」とキーワードを入れ、検索します。

● 検索画面

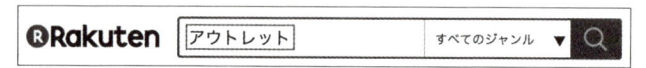

するとすべてのジャンルの検索結果が出てきます。全部で1666372件ヒットしました。

●すべてのジャンルの画面

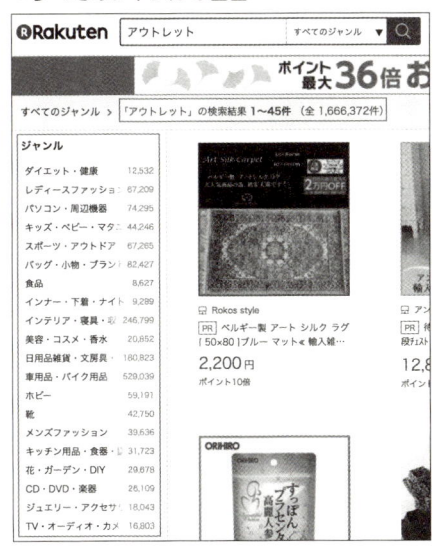

　次にそれを絞っていきます。検索条件をCD・DVD・楽器に特定します。

さらに、その画面から一番左上の1980円のマイクケーブルに絞ります。

●商品を絞った画面

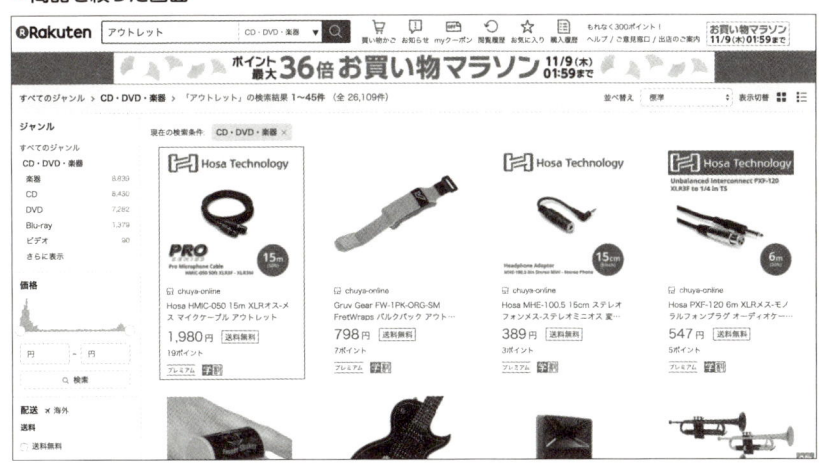

それがAmazonではいくらで売られているのか、拡張機能を使って調べます。名前をなぞり、右クリックして検索します。

● 右クリック画面

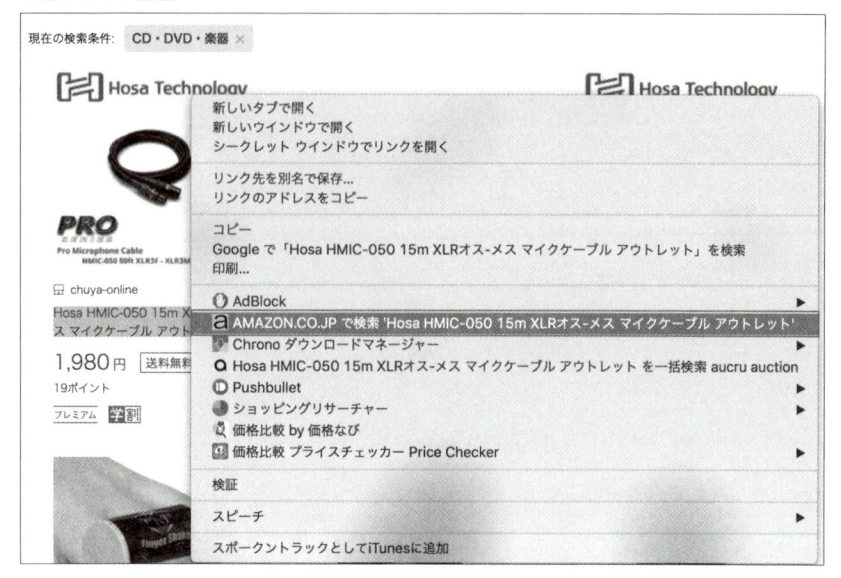

Amazonへと飛ぶと、そこではマイクケーブルが4082円で売っていました。かなりの差額ですね。これならば、転売すれば倍以上の利益が出ることになります。

● **Amazonの画面**

Hosa HMIC-050 15m XLRオス-
メス マイクケーブル

WEB	モノ	メルカ	フリル	Yショ	Yオク	価格ナ
ファン	リアル	楽天	手数料	新品	中古	FBA
レビュ	買取	海外	出品	直販：¥ 4,046

FBA:1　自:6

楽器・音響機器 ~ 16,496位 (ランク)
　153位 — 楽器・音響機器 > アクセサリ > マイ
　クアクセサリ > マイクケーブル
　938位 — 楽器・音響機器 > アクセサリ > 楽
　器・音響機器ケーブル
　1041位 — 楽器・音響機器 > PA音響機器 > マ
　イク

B004NCY4H6
Hosa

¥ 4,082
残り12点。注文はお早めに。
こちらからもご購入いただけます
¥ 4,046 新品 (7 出品)

配送料無料

　このように、同じ商品でも需要と供給の関係で価格が大きく違うことがあります。それぞれのサイトやショップでもそれは同じですから、その価格差を見つけて探し、Amazonで売ればいいわけです。

● 使えるキーワードはこれだ！

　価格差のある商品を見つけるための検索キーワードには、いろいろなものがあります。いくつか挙げておきますと、次のようなものがお薦めです。

- アウトレット
- セール
- 処分
- 倒産品

　他にもあると思いますので、ご自分でも試してみるといいでしょう。

メルマガからセール情報を手に入れよう

● メルマガは専用のアドレスで受信すべし

まず気をつけなければいけないのは、メルマガに登録するアドレスを、普段プライベートで使っているメインのアドレスとは別のものにすることです。

ネットショップのメルマガに登録すると、セール情報とは別に大量の宣伝のメルマガも送られてきますから、普段から使っているアドレスですと大切なメールが埋もれてしまいます。

それを防ぐためにも、メルマガ専用のアドレスを用意してください。そうすれば、個人的なものと分けることが簡単にできます。

● メルマガで得られる2つのメリット

ネットショップのメルマガに登録しておくと得られるメリットは2つあります。

①素早くセール情報を得られる

ネットショップは実際の店舗と同じように、定期的にセールを行います。セールを行うときは、何かしらの手段を使ってお客様に宣伝をしなければいけません。そこで行うのが、メルマガで定期的にセール情報を配信

することです。

　インターネット・リセリングでプレミア商品以外に仕入れる商品は、Amazonより安く売られている商品です。それにはいかに安く買えるネットショップを探せるかが勝負になります。それを可能にしてくれるのがセール情報を流してくれるメルマガです。私の生徒さんも、多くはこのようなセールで大きな額の仕入れをしています。

②お得なクーポンが付いてくる場合がある

　メルマガには、通常の値段よりも安く買えるお得なクーポン券が添付されている場合があります。このクーポンを使えば、ショップ自体がセールではなくてもお買い得な値段で商品を仕入れることができますので、仕入れの幅が大きく広がります。

　セールとクーポン情報を活用すれば、待つだけでチャンスが訪れます。ちなみに私は2000ショップ以上のメルマガに登録していますので、メール情報は毎日のように届きます。

● 実際のメルマガ情報

● Gmailのフィルタを設定してメールを自動的に振り分けよう

みなさんにお薦めするのが、Gmailにフィルタを設定して、受信したメールを自動的に振り分けることです。

件名にセールと入っているメールだけ違うフォルダに入れるようにしておきます。やり方は、以下のようにします。

まず、Gmailの検索ボックス右側にある「検索オプションを表示」(逆三角マーク) をクリックします。

● 検索オプションを表示画面

メールにフィルタをかける設定を行います。私の場合は件名にセールというキーワードが含まれているメールを別のラベル (フォルダ) に移動しています。

入力が終わりましたら、「この検索条件でフォルダを作成」をクリック
します。

● 設定画面

検索	✕

すべてのメール ⇕

From

To

件名

含む

含まない

☐ 添付ファイルあり

検索対象の期間　**1日** ⇕　次の日を基準として：

例：今日、金曜日、3月26日、2007/3/26

🔍　　　　　　　この検索条件でフィルタを作成 ▷

　次に、設定したフィルタに該当するメールの振り分け方法を設定しま
す。それぞれの条件にチェックを入れて受信メールを自動で振り分けるこ
とができます。

　以下の画像は受信トレイをスキップして、特定のラベル（フォルダ）に
自動で振り分けられる設定です。

　設定が終わりましたら、「フィルタを作成」をクリックします。

●設定画面

《 検索オプションに戻る   ×

この検索条件に一致するメールが届いたとき:

☑ 受信トレイをスキップ (アーカイブする)

☐ 既読にする

☐ スターを付ける

☑ ラベルを付ける: ラベルを選択... ⇕

☐ 転送する　転送先アドレスを追加

☐ 削除する

☐ 迷惑メールにしない

☐ 常に重要マークを付ける

☐ 重要マークを付けない

☐ 適用するカテゴリ: カテゴリを選択... ⇕

フィルタを作成　☐ 一致する 23 件のスレッドにもフィルタを適用する。

詳細

　いきなり何千というショップに登録するのは大変ですが、1日30ショップ程度なら30分もかからないでできると思います。1か月もすれば1000ショップになります。

　たくさんのメルマガに登録していれば、当然、より多くのセール情報を受け取ることができます。仕入れのチャンスも大きくなりますので、収入も確実にアップしていきます。

● セール商品の中から高く売れるものを探してみよう

　それでは実際にやってみましょう。セールメールの中から気になるものをクリックします。

　そこにはセールされている商品が一覧になって表示されています。

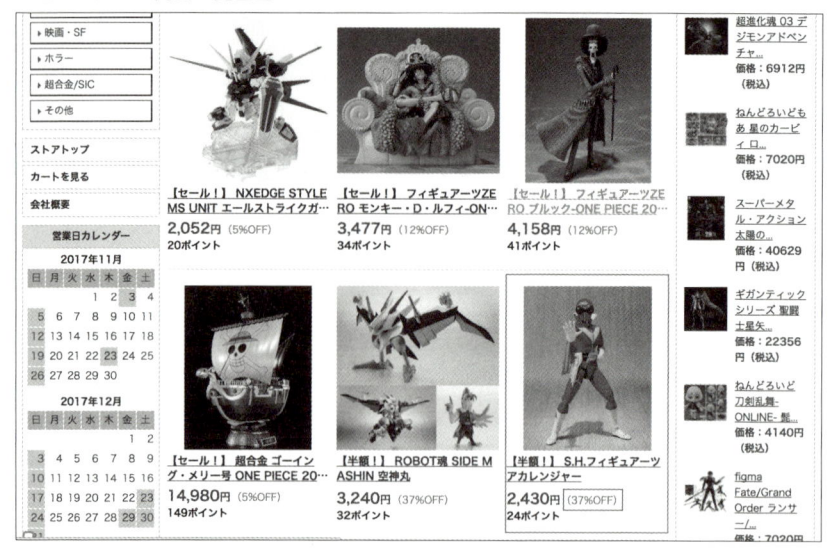

その中から1つを選び、Amazonではいくらするかを調べます。調べ方は先ほどと同じです。拡張機能の右クリックを使います。

● 右クリック画面

Amazonの画面が表示されると、そこではセールでは2430円だったものが3480円で売りに出されていました。

● Amazon 結果画面

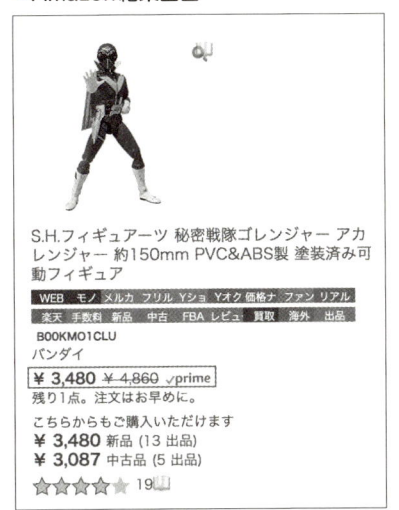

このようにして安く仕入れ、Amazonで高く売れるものを見つけていきます。

　また、利益の出る商品が見つかったならば、同じショップ内で同じような商品がないかを探します。

　そのときのキーワードはタイトルを参考にします。ここでご紹介したものでは、タイトルに「半額」という文字が入っていました。これをキーワードにしてさらに検索します。

119

● **タイトルの半額に注目している画面**

　そして、違う商品が見つかったならば、後は先ほどと同じように
Amazonではいくらで売っているかを調べます。このような作業を繰り
返して商品を多数見つけます。

　このやり方は、すべてのネットショップでも同様です。ネットショップ
で安く売られている商品を見つけ、それに検索をかけてAmazonの値段
を調べます。これも安く仕入れて高く売るリバースリサーチの一種になり
ます。

● セール情報をまとめているブログも見ておこう

　なお、セール情報をまとめているブログもあります。ネットセール情報
で検索するといろいろと出てきます。ここに登録することでも多くの情報
が得られます。

● セールまとめサイトの画面

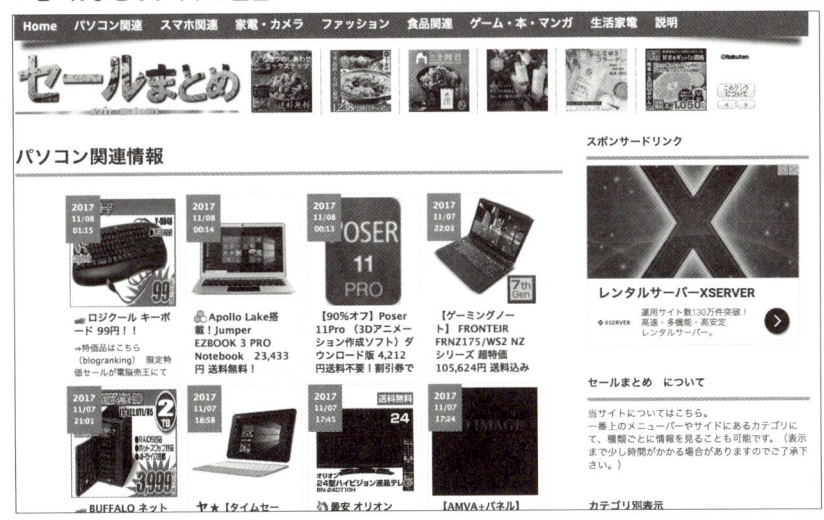

　このようなリサーチ能力はインターネット・リセリングだけでなく、日常の生活にも活かせます。安いものを探す技術を身につけることになるわけですから、商品を安く買うには最適な方法と言えるでしょう。

8 リアルタイムトレンドリサーチをしてみよう

● Google トレンドで流行の話題を調べよう

次はトレンドをリサーチする方法です。トレンドを敏感に察知できれば、商品の値上がりを予想でき、先にその商品を安く仕入れて利益を上げることができます。

そのために使えるのが Google トレンドです。これは Google で最近、頻繁に検索されているもの、ニュースなどで話題になっているものを検索できます。結果はランキング順で表示されます。そこからヒントをもらえます。

● Google トレンド

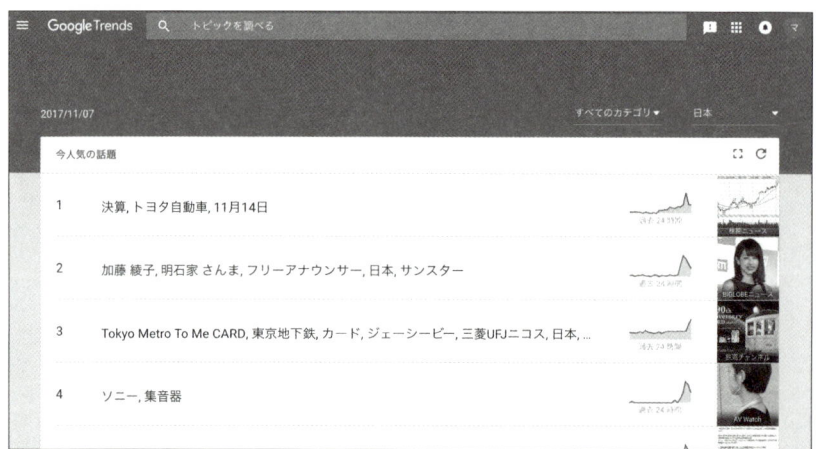

https://trends.google.co.jp/trends/

カテゴリーが選べますから、そこから調べたいジャンルを選択できます。お薦めはエンターテイメントです。

●Google トレンドカテゴリー画面

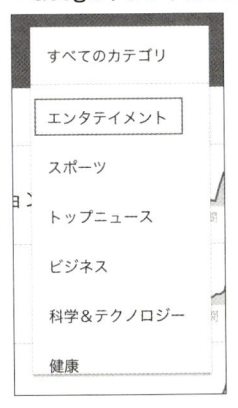

話題になったキーワードの関連商品は、まずAmazonで最初に値上がりします。そして、それから他のショップ、最後は個人のショップへと影響が広がります。そのため、値上がりが期待できる商品が見つかったら、他のショップで仕入れ、Amazonで売れば利益が出ます。

他のショップで値上がりしていない時期に仕入れるのがコツです。

● ツイッターから情報を手に入れよう

ツイッターからもトレンド情報を手に入れられます。今やツイッターはニュースよりも早く情報が拡散します。それを利用してトレンドをリサー

第4章
売れる商品をリサーチしよう

チします。

　ツイッターは情報の宝庫です。これを利用しない手はありません。

　Yahoo!リアルタイム検索を使うと、ツイッターなどに書き込まれた情報を瞬時に知ることができます。

　まずは下記のリンクにアクセスします。

http://search.yahoo.co.jp/realtime

● 話題のキーワード画面

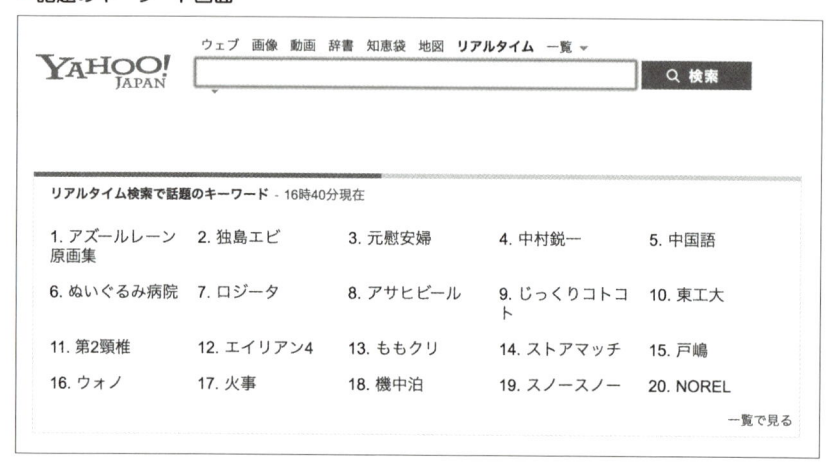

　ここでキーワードを入力します。入力するワードはそのとき調べたいものですが、お薦めは「Amazon在庫切れ」とか「プレミア価格」「プレ値」などです。

● キーワード入力画面

　ツイッターは数分前の情報が瞬時に反映されますから、まさに本当のリアル情報が手に入ります。

● 検索結果

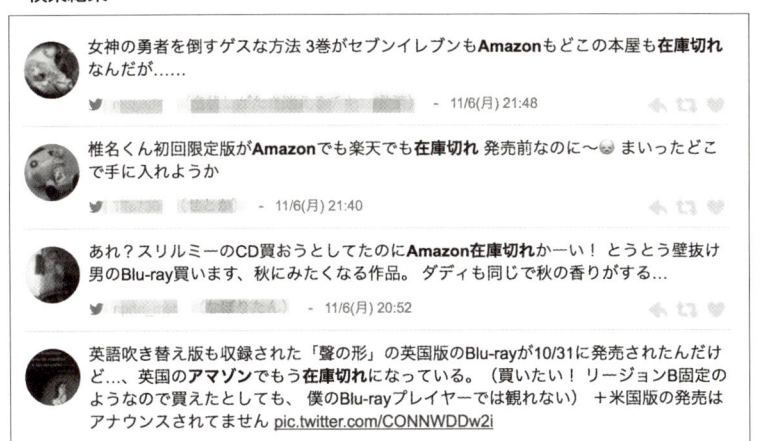

● その他の情報サイトもチェックしよう

それ以外のトレンド情報サイトもご紹介しておきましょう。できる限り、多くの情報に触れておくことが大事です。

① NAVER まとめ

話題のニュースをいろいろとまとめているサイトです。たくさんのジャンルがありますが、芸能ニュースがお薦めです。

https://matome.naver.jp/

● NAVER まとめ

②ORICON NEWS

ここもいくつかのジャンルがありますが、芸能がお薦めです。

https://www.oricon.co.jp/news/

● ORICON NEWS

③ついっぷるトレンド

これもさまざまなツイートをまとめたサイトです。ジャンルごとにまとめてありますので、調べたいジャンルを選んでリサーチします。

https://tr.twipple.jp/

④グノシー

　無料のニュースアプリです。これもさまざまなジャンルに分けてまとめてあります。

https://gunosy.com/

●グノシー

　その他にもLINEのニュースや、ゲーム専門サイトなど、たくさんの
ジャンルで情報が提供されていますから、それぞれを常に検索して最新
の情報を手に入れる努力をしてください。

　後はAmazonとの価格の比較をして調べるだけです。気になったなら
ば検索する習慣をつけておきましょう。

第5章

少しでも賢く仕入れる技を駆使しよう

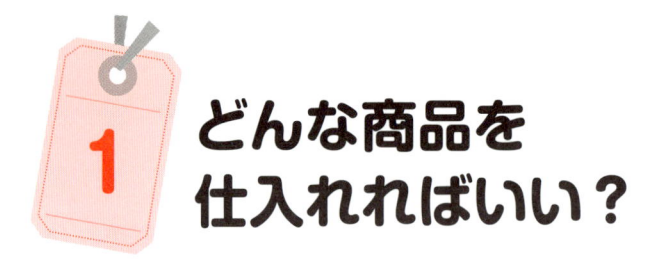

どんな商品を仕入れればいい？

● プレミアになりやすいジャンルがある

今までにも触れていますが、どのようなものを仕入れ、売ればいいかについて、ここで再度、確認をしたいと思います。

ジャンルについては、スタートにあたっては自分の好きなジャンル、得意なジャンルから始めることを推奨しています。これは長続きをさせるため、失敗しても挫けないための対策としてお薦めしています。

ただ、そうは言っても、Amazonでプレミア商品になりやすいものは定番として決まっています。

それは、ゲーム、CD、DVD、おもちゃ、ホビー関係です。

もし、あなたがこのようなジャンルで好きなもの、得意なものがあれば、間違いなくそこからスタートしてください。

あるいは、特に好きなもの、得意なものがないのであれば、やはりこの中からどれかを選んで始めることをお薦めします。それぞれのジャンルで専門雑誌が出ていますので、そこから情報収集するといいでしょう。

今、何が売れているか、何が人気があるか……など、そのジャンルの知識をしっかりと身につけることが先決です。時間があるときに本屋に立ち寄り、そのコーナーにある雑誌を読んで知識を集めるのでもいいですし、前にご紹介したdマガジンを購読していろいろな知識を収集するのでも

構いません。

　また、それぞれのジャンルの中でも、さらにいくつかに細分化されています。例えば、同じDVDでも映画やアニメなどの分野がありますので、ご自分の好きな分野、やりたい分野のものから始めるといいでしょう。

● プレミア商品を見つけるキーワードはこれだ

　これもリサーチのところでお話していますが、プレミア商品を見つけるにはいくつかのキーワードがあります。

　それは、「限定盤」「生産終了」「特典」です。

　プレミア商品になるには条件があります。それは数が少なく、需要が多いことです。

　マニアの人ならば、どんなに値段が高くても手に入れたいものが必ずあります。それを調べて安く仕入れることができれば、それだけ多くの利益を得ることが可能です。

　相場を動かす4つの要因を思い出してください。どのような状況だと需要が供給を上回るのでしょうか。それにはいくつかの要素がありました。時間、場所、希少性、流行です。

　これらの要素を含んだプレミア商品を調べるのに最適なのが、先ほどのキーワードです。

　常にアンテナを鋭くして、プレミア商品を見つけてください。

●初心者は新品から始めよう

　また、初心者は新品から始めてください。中古品を扱えば、差別化はしやすくなりますが、慣れないと思わぬ失敗をしてしまう可能性が高くなります。

　特に検品作業は手間がかかりますし、うっかり商品の瑕疵（かし）、欠陥を見逃してしまう恐れがあります。

　初心者は最初が肝心です。いきなり悪い評価がついてしまうと取り返しがつきません。

　みなさんもAmazonで商品を購入しようとしたとき、必ず参考にするのが評価の数字と件数だと思います。

　目標として、評価の数字は95％以上を目指しましょう。上位に表示されている出品者のほとんどがその数字をキープしています。

　また、件数も参考にしますから、ある程度の数をこなすまでは新品の商品を販売し、評価の件数をアップさせるようにしてください。そして、実績ができてから中古品を扱うようにします。

　一度、悪い評価がついてしまうと、それを挽回するのは非常に難しいです。その点から言っても、最初は新品の商品を扱って評価を上げ、件数の実績を作ってから中古品に移るのが賢明なやり方と言えます。

2 ASINコードを活用しよう

● 世界共通のAmazon特有のコード

ASINコードは、Amazon独自の商品コードです。読み方はいろいろですが、エイシン・コード、あるいはエイエスアイエヌ・コードとか呼ばれています。

「Amazon Standard Identification Number」の略で、Amazonが取り扱う書籍以外の商品を識別する10桁のコードとなっています。

Amazonの商品ページでは、下のほうに記載されています。下記の画像では、ASINコードはB00FFQ7MOですね。

● ASINコードがわかる画面

> **製品概要・仕様**
> › 詳しい仕様を見る
>
> ---
>
> **登録情報**
> **国外配送の制限：** この商品は、日本国外にお届けすることができません。
> **ASIN:** B00FFQF7M0
> **発売日：** 2013/10/31
> **おすすめ度：** ★★★★☆ ☑ (78件のカスタマーレビュー)
> **Amazon 売れ筋ランキング：** ゲーム - 6,275位 (ゲームの売れ筋ランキングを見る)
> 21位 − ゲーム > Wii U > **ゲーム機本体**
>
> **画像に対するフィードバックを提供する、またはさらに安い価格について知らせる**

日本でも海外でも、同じ商品であれば同じASINコードがつけられていることが多いので、このコードを使って検索すれば、簡単に同じ商品を見つけることができます。

　特に海外のAmazonから仕入れる場合、商品の検索にとても役立ちますし、国内のAmazonで同じ商品であるかどうかを調べるときにも便利です。

Amazonのランキングを活用しよう

● ランキングから売れ行きを予想できる

　Amazonで商品を販売する際、非常に大事になるのが、その商品がどれくらい売れるのかを予想することです。これをしっかりやっていないと、不良在庫が発生してしまいます。

　逆に、どれくらい売れるのかをきちんと予想できれば、在庫のリスクがなくなり、確実に利益を得ることが可能になります。

　ここではそのためのランキングの読み方をお教えします。

● ランキングを確認してみよう

　それではランキングを確認してみましょう。Amazonでは商品が売れるとAmazon内でのランキングが上がります。1個も売れていない商品はランキングがありません。また、アダルト商品もランキングがありません。ランキングが上下している商品は、売れている商品と言えます。

　ランキングは商品ページの下のほうに書かれています。

登録情報

パターン名（種類）：オメガルビー通常版

国外配送の制限： この商品は、日本国外にお届けすることができません。

ASIN: B00NPV2AA4

商品パッケージの寸法: 13.6 x 12.4 x 1.4 cm ; 41 g

発売日： 2014/11/21

おすすめ度： ☆☆☆☆☆ ▼　594件のカスタマーレビュー

Amazon 売れ筋ランキング: ゲーム - 86位 (ゲームの売れ筋ランキングを見る)
3位 − ゲーム > ニンテンドー3DS > ゲームソフト > ロールプレイング

画像に対するフィードバックを提供する、またはさらに安い価格について知らせる

　また、拡張機能でKeepa.com【価格推移・ランキング推移・値下げアラート】を利用していれば、Amazonの商品ページから次のようなグラフでも見ることができます。

●グラフ画面

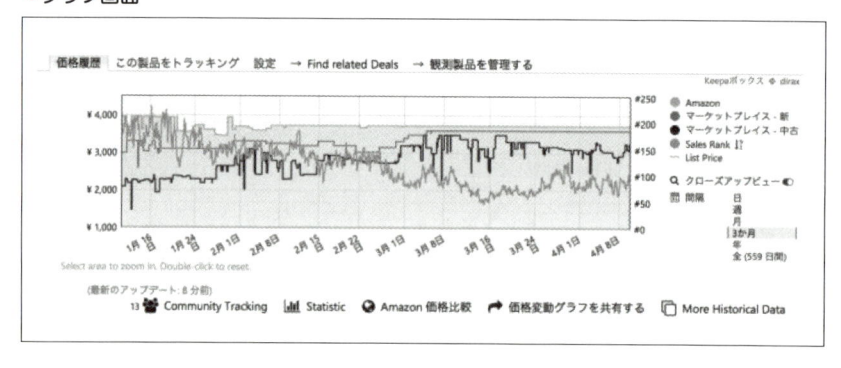

● カテゴリーによってランキングの目安は違う

実は、同じランキングでも、カテゴリーによって売れ行きはかなり変わります。

Amazonではカテゴリー別のランキングの仕組みは公開されていませんから、おおよそにはなりますが、私なりのランキング順位の目安を示しておきましょう。この程度の順位の商品であれば、1か月以内にある程度の売れ行きがあると予想できます。

● ある程度の売れ行きがあると予想できるランキングの目安

順位	ジャンル
15万位	ホーム＆キッチン
13万位	家電・カメラ
10万位	おもちゃ
8万位	スポーツ＆アウトドア
5万位	ヘルス＆ビューティー、ホビー、カー＆バイク用品
3万位	DIY・工具、パソコン・周辺機器、服＆ファッション小物、シューズ＆バッグ、ベビー＆マタニティ
2万位	ゲーム
1万位	楽器、腕時計、ジュエリー、ペット商品

上記のカテゴリーランキング順位を目安にして、仕入れの判断をされてはいかがでしょうか。

売れ筋ほど、低い順位でも売れる可能性が高くなり、売れない商品ほど、高い順位でないと売れる可能性が低くなります。

モノレート（物rate）で売れ行きを確認しよう

● Amazonの過去から現在までのデータを見られる

モノレートとはAmazonの過去から現在までのデータを蓄積し、それを見ることができる無料のデータサイトです。

蓄積しているデータは次のものになります。

・新品商品の最安値価格

・中古商品の最安値価格

・新品商品の出品者数

・中古商品の出品者数

・ランキング

これらの情報をグラフなど、いろいろな方法で表示してくれますので、現在までの価格の推移、出品者数の推移、ランキングの推移などがひと目でわかります。

Amazonのランキングは売れると上がりますから、ランキングが上がったということは売れたことを意味します。

モノレートで商品をリサーチする場合、期間ごとのランキングの推移がわかりますから、過去のランキングからどのくらいの数が売れたかを予想

することができます。

●モノレートでAmazonの商品を分析しよう

それではモノレートで商品を検索してみましょう。モノレートにアクセスして、ページ上部にある検索ボックスから商品を検索していきます。

http://mnrate.com/

検索ボックスにあるカテゴリーからカテゴリーを絞ります（カテゴリーはAmazonのカテゴリーと同じです）。

●検索ボックス画面

Amazon.jpで商品を検索
商品名、UPC、EAN、ISBNまたはASINを入力してください。　　　　　検索

検索ボックスにはキーワードやJANコード（Japan Article Number Codeの略で、商品を識別するための共通コード）、ASINコード、ISBNコード（International Standard Book Numberの略で、書籍を識別するための番号）を入力します。

まずキーワードを入力してみましょう。例えば、ポケモン関連商品を探しているとします。このとき、ポケモンと入力して検索すれば、それに関係する商品が一覧で表示されます。

キーワードで検索した場合、商品の候補がたくさん出てきますので、そこから探したい商品を選びます。

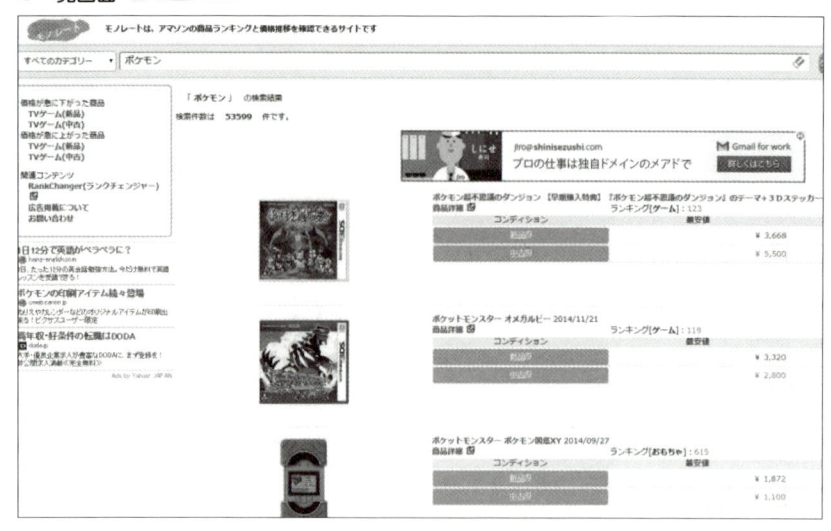

　なお、JANコード、ASINコード、ISBNコードを入力した場合は、直接、その商品が表示されます。

● モノレートのデータを分析してみよう

　次にモノレートでの商品分析についてお話していきます。今回は例として、「艦これ、武蔵改　軽兵装Ver.1/8スケール」のデータを使って説明していきます。

　モノレートの商品ページはこのようになっています。

●モノレートの商品ページ

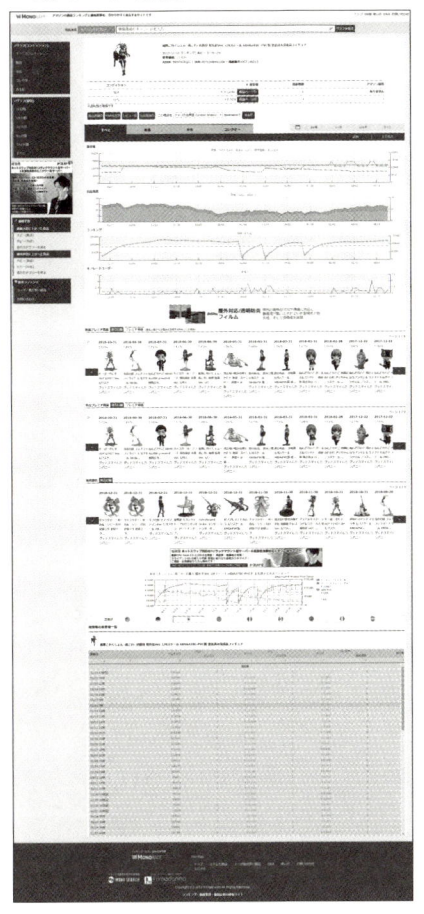

モノレートの商品ページは基本的に3か所に分かれています。

・基本情報

・グラフ

・最安値表

● 基本情報でわかること

基本情報は、モノレートの商品ページの一番上の部分に記載されています。

● 商品ページの上の画面

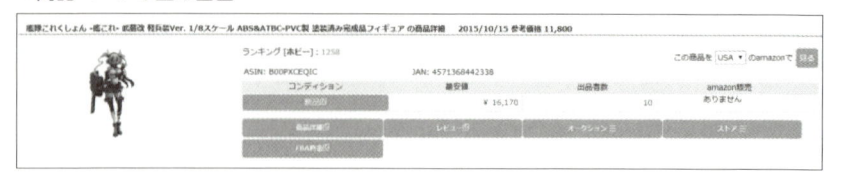

ここには、「カテゴリーにおけるランキング」「ASIN (ISBN) & JAN コード」の2つが記載されています。Amazonにおけるランキングは、数字だけではわかりませんから、指標として確認するようにしましょう。

● ランキングとAISIN、JANコードの画面

ランキング [ホビー] : 1258

ASIN: B00PXCEQIC　　　　　　　　JAN: 4571368442338

下部にある表には、次の情報が記載されています。

・最安値

・出品者数

・Amazonの販売の有無

これらの情報は新品と中古品、そしてそれぞれのコンディションごとに表示がされていますので、単純な価格の比較とともに、コンディションごとの価格比較ができます。

　新品を扱う場合は、Amazonで販売されているかどうか、その情報がとても重要ですので、必ず確認するようにしてください。

　新品、中古品のテキストをクリックすると、Amazonの出品者のページに移動しますので、そこでも細かく確認することができます。

●コンディション、最安値、出品者数、Amazonの販売の有無の画面

コンディション	最安値	出品者数	amazon販売
新品	¥ 16,170	10	ありません

　加えて、次のテキストでは、以下のような情報が得ることができます。

・**商品詳細**　……Amazonの商品ページに移動します。
・**レビュー**　……Amazonの商品レビューページに移動します。
・**FBA料金**　……FBA料金シミュレーターに移動します。

　特にFBA出品のときの利益計算にはFBA料金シミュレーターをよく使います。

●商品詳細、レビュー、オークション、ストア、FBA料金の画面

● グラフからわかること

グラフでは、期間ごとの「最安値」「出品者数」「ランキング」の変動状況を知ることができます。

● グラフ画面

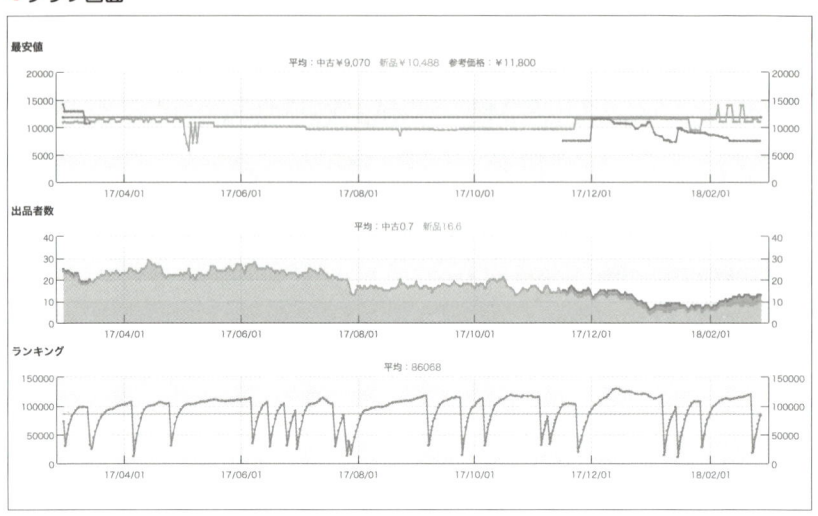

また、新品、中古、コレクター、参考価格の4つのグラフを確認することもできますので、比較がとてもしやすくなっています。

検索したい商品の状態に合わせて、以下の条件を変更しながらグラフを確認しましょう。

・期間（3か月、6か月、12か月、すべて）

・コンディション（すべて、新品、中古、コレクター）

● 期間は３か月、コンディションはすべてで検索しよう

　私の場合、「3か月以内でさばけない商品は回転率が悪い」という基準で仕入れるかどうかを判断していますので、基本的に期間は「3か月」、コンディションは「すべて」でグラフを確認しています。

● 仕入れ基準で表示した画面

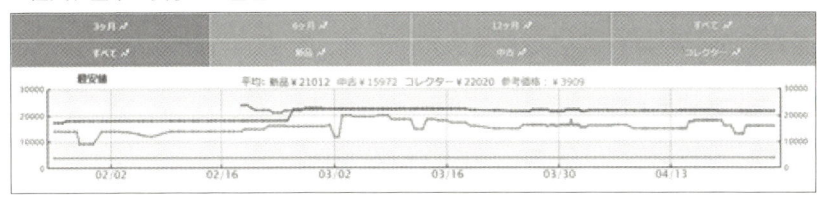

　しかし、出品者が突然いなくなったり、価格が急に上昇したり、あるいは季節が関係する商品などの場合は、3か月だけでは判断できないことがありますので、そのときは期間を変更して確認を行いましょう。

　また、仕入れ価格が異常に安く、販売価格が異常に高いのに、それほど売れていない商品に関しても、期間を変更して自分の資金繰りの面も考慮して仕入れるようにしてください。

● 出品者数に注意しよう

　出品者数に関して言えば、ランキングがいい商品でも、出品者数があまりに多いと販売するときに埋没してしまう可能性があります。それを防ぐには、次のグラフを確認することです。

　最近になって急激に出品者数が増えてきている商品などは、どこかで安売りがあった可能性ありますし、考え方次第では仕入れに役立つ情報をたくさん見つけることができます。

●ランキングのグラフからわかること

　ランキングのグラフは、次の項目で説明する最安値表と併せて使っていく場合が多くなります。

　グラフに凹み（ランキングの上昇）があると、それは何らかのコンディションの商品が売れたことになりますので、このグラフをしっかりと確認するだけで、実際に売れている商品なのかが判断できます。

●ランキング表の画面

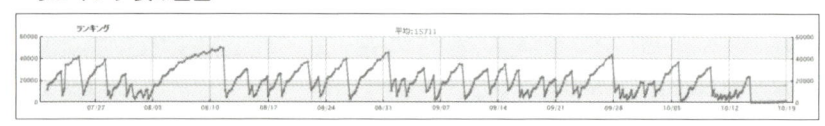

●最安値表からわかること

　モノレートの中でもっとも使うことが多いデータが、最安値表です。今まで説明してきたデータが数字になって集められていますので、ここだけ確認しておけば仕入れに失敗することはありません。先ほどのグラフを表

にしたものと考えるとわかりやすいです。

最安値表では、次のことがわかります。

- 調査日（モノレートがAmazonからデータを取ってきたタイミング）
- ランキング
- 出品者数（新品、中古、コレクター）
- 最安値（新品、中古、コレクター）

最安値表はグラフの期間が適用されますので、期間を変更するときはそちらを変更します。

1つの例として、ある商品を取り上げてみましょう。

最安値表の画面

艦隊これくしょん -艦これ- 武蔵改 軽兵装Ver. 1/8スケール ABS&ATBC-PVC製 塗装済み完成品フィギュアの期間毎の最安値の表

調査日	ランキング	新品 出品者数	新品 最安値	中古 出品者数	中古 最安値	コレクター 出品者数	コレクター 最安値
2015/10/18 現在+	1258	10	¥16,170	0		0	
2015/10/17 22時+	469	5	¥17,600	0		0	
2015/10/16 23時+	262	4	¥13,060	0		0	
2015/10/15 23時+	86	4	¥12,880	0		0	
2015/10/14 23時+	180	8	¥11,260	0		0	
2015/10/13 22時+	17371	7	¥11,360	0		0	
2015/10/12 22時+	4824	7	¥11,360	0		0	
2015/10/11 22時+	7386	7	¥11,360	0		0	
2015/10/10 22時+	6950	7	¥11,360	0		0	
2015/10/09 23時+	8019	7	¥11,360	0		0	
2015/10/08 23時+	26731	7	¥11,360	0		0	
2015/10/07 22時+	18477	7	¥11,360	0		0	
2015/10/06 22時+	7611	7	¥11,360	0		0	
2015/10/05 18時+	36489	7	¥11,360	0		0	
2015/10/04 21時+	29992	7	¥11,360	0		0	
2015/10/03 21時+	18722	7	¥11,360	0		0	
2015/10/02 20時+	19070	7	¥11,360	0		0	
2015/10/01 22時+	9308	7	¥11,360	0		0	
2015/09/30 20時+	10353	7	¥11,360	0		0	
2015/09/29 23時+	6154	7	¥11,360	0		0	
2015/09/28 22時+	5909	7	¥11,360	0		0	
2015/09/27 19時+	42989	7	¥11,360	0		0	
2015/09/26 17時+	34282	7	¥11,360	0		0	
2015/09/25 20時+	28449	7	¥11,360	0		0	
2015/09/24 20時+	17533	7	¥11,360	0		0	
2015/09/23 23時+	6933	7	¥11,360	0		0	
2015/09/22 22時+	28514	7	¥11,360	0		0	
2015/09/21 22時+	17898	7	¥11,360	0		0	
2015/09/20 22時+	20797	7	¥11,360	0		0	
2015/09/19 22時+	11600	7	¥11,360	0		0	
2015/09/18 23時+	18464	7	¥11,360	0		0	
2015/09/17 23時+	6501	6	¥11,460	0		0	

この表では新品の出品者数が8人（10月14日）から4人（10月15日）に減っているところがあります。10月13日に比べてランキングが17371

から86まで急に下がり、出品者数が減っています。このようなランキングの商品の出品を途中で取り下げることは考えられないので、最低でも4品が売れたと考えられます（実際にはそれ以上売れています）。

　また、全体で何回かランキングが上昇しているのに出品者数が変わらない場合は、新品の商品の場合、複数商品を所持している可能性があります。そのため、出品者数で売れたかどうかを判断するのは難しくなります。

　逆に、中古の出品者数が変わらないのに、新品の出品者数が変わらない、あるいは減っているときは、新品が売れたと判断できます。

　ランキングの変動、新品と中古の出品者数から、多くの情報を手にすることが可能なのです。

● 初めはすぐに売れるものだけを扱おう

　インターネットで物販に取り組んでいると、次のようなパターンの商品に出会います。

・高回転高利益

・高回転低利益

・低回転高利益

・低回転低利益

　みなさんはどの商品を選びますか？

　低回転低利益の商品は論外で、高回転高利益の商品はもちろんOKで

しょう。

では、低回転高利益の商品はどうでしょうか？

資金に余裕があれば扱っても構いませんが、資金が少ないときに低回転の商品を買ってしまうと、それが売れるまで、次の仕入れができないことになります。

そのため、なるべく最初は高回転の商品だけを扱うようにしてください。高回転であれば、低利益でも構いません。高回転だけの商品を扱い、仕入れたお金をできるだけ早く現金にして、次の仕入れに活かすことをお薦めします。

● Amazonランキングのバグ（不具合）に注意しよう

ランキングで売れ行きを判断するのは非常に効果的ですが、ごく稀にAmazonのランキングにバグが発生することがあります。これはランキングがまったく動かなくなっている状態です。

例えば、下のグラフではランキングが110000位から120000位くらいで止まっています。

●**ランキングバグの画面**

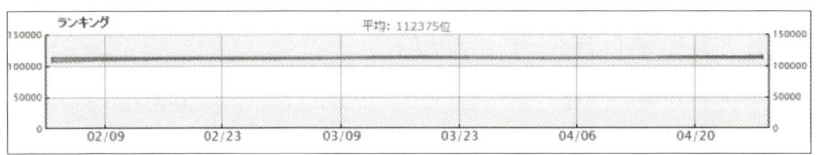

このような商品はランキングが高くてもバグのせいなので、仕入れないようにしてください。

5 クレジットカードを活用しよう

● 資金がなくても仕入れができる

物販では現金以外にクレジットカードを使って仕入れを行えます。たまにカードが使えないネットショップもありますが、基本的にカードで仕入れができます。そのため、資金がなくても仕入れを始めることが可能です。クレジットカードがない人はデビッドカードでも構いません。

この際、重要なのがカードの限度枠です。限度枠が大きければ大きいほど、ビジネスを拡大することができます。

● お薦めの決済方法は2回分割

クレジットカードを使ったお薦めの決済方法があります。それは2回分割の方法です。

3回以上は手数料がかかりますので、2回がお得です。初心者の場合は2回払いがお薦めです。

この方法ならば、例えば月末締めのカードを持っていたとして、10月1日に仕入れを行った場合の支払いは1回目が11月末、2回目が12月末となり、最終の支払いまで3か月の猶予ができます。

基本的に初めは回転の速い商品を中心に仕入れを行いますが、この方法を使えば、万が一売れない場合でも安心して取り組むことができます。

● 締め日に注意しよう

クレジットカードには必ず締め日と支払日があります。クレジットカードを効率的に使うには、この締め日と支払日を意識することがとても重要です。

経営の基本は「入金は素早く、支払いはなるべく遅く」ですが、例えば、月末締めのカードを7月30日に使ってしまった場合、支払いは8月27日になり、1か月以内に支払いが来てしまいますので、そのカードはなるべく使わないほうがいいことになります。

逆に、8月1日に使うと請求が9月27日ですので、1か月以上の猶予期間ができます。ですから、カードの締め日を注意して使うようにしてください。

● クレジットカードは数枚持とう

クレジットカードは数枚持っていたほうが仕入れが有利になりますので、ぜひとも数枚作成することをお薦めします。

もちろん、クレジットカードには審査がありますので、必ず作れる保証はありませんが、できるだけ多くを試してほしいと思います。その点、デビッドカードには審査がありません。

また、限度枠に関しては、きちんと支払いを行っていれば、カード会社が上げてくれますし、電話をして頼めば意外にあっさり上げてくれることもあります。

私の場合、毎月、限度枠最大まで利用していたら、最初は20万円だった枠が、1年後には100万円になっていました。

ポイントは毎月、限度枠を最大まで利用して、支払いを怠らないことです。

●事前払い・一時増額を活用しよう

　クレジットカードには限度枠がありますから、それ以上は使えませんが、カード会社によっては事前払いをすれば、枠を早期に復活させることができます。詳しくは利用しているクレジットカード会社に問い合わせてください。

　もちろん、現金で仕入れをしても構いませんが、クレジットカードを利用すればポイントが貯まり、非常にお得です。

　また、会社によっては、一時的に枠を増額することも可能です。

　当然、申請をするとき、その理由を聞かれますが、そのようなときは次のように答えるといいでしょう。

　「海外旅行に行くので、大きな出費に備えて一時的に増額したい」

　「結婚をする予定なので、一時的に増額したい」

　以上のような理由を言えば、比較的、通りやすいです。

　ちなみに、私は今はもう利用してないのですが、過去に「海外旅行に行く」という理由で数回、枠の増額に成功しています。

　「結婚」に関しては、何回も使える理由ではありませんから、いざというときのためにとっておくといいでしょう。

6 仕入れ先として使えるネットショップを知っておこう

● できるだけたくさんのネットショップに登録しておこう

仕入れ先として利用できるネットショップには、ショッピングサイトやオンラインネットショップ、オークションサイト、フリマアプリ、卸サイト等、さまざまなものがあります。基本的に仕入れ先は多ければ多い方が、それだけ利益の出る商品を仕入れられる可能性が高くなりますので、なるべく多くのネットショップに登録しておくことをお薦めします。

ここで私がお薦めする仕入れ先の一覧を紹介したいのですが、あまりに数が多いので、掲載しきれません。

そこで今回は私のLINE@に登録していただければ、まとめたリストをプレゼントすることにします。下記に従って、ぜひ登録してください（もちろん、登録は無料です）。

● LINE@登録画像

LINE@登録方法

下記のQRコードをスマホで読み込んで
お友達追加を行なってください

もしくは「@sla6665w」で
ID検索（@をお忘れなく）

7 ネットショップ横断検索サイトを活用しよう

● 複数のショップの価格を一括で把握できる

さまざまなネットショップやオークションサイトの在庫状況、価格を一括で検索できる横断検索サイトもあります。

ここでは、その中で代表的なものをご紹介しましょう。

① 価格.com

もっとも有名なのが大手の価格.comです。ここではあらゆるジャンルの製品やサービスを、販売価格や口コミ情報、ランキングなどで比較・検討できます。

主に家電製品をメインに検索するのがお薦めです。

http://kakaku.com/

● 価格.com

価格.com
「買ってよかった」をすべてのひとに。

②価格なび

特に楽天とYahoo!ショッピングに特化している横断検索サイトです。

http://kakaku-navi.net/

●価格なびの画面

③MONO SEARCH

メディア系やゲーム関係がお薦めです。

http://mnsearch.com/

● MONO SEARCH

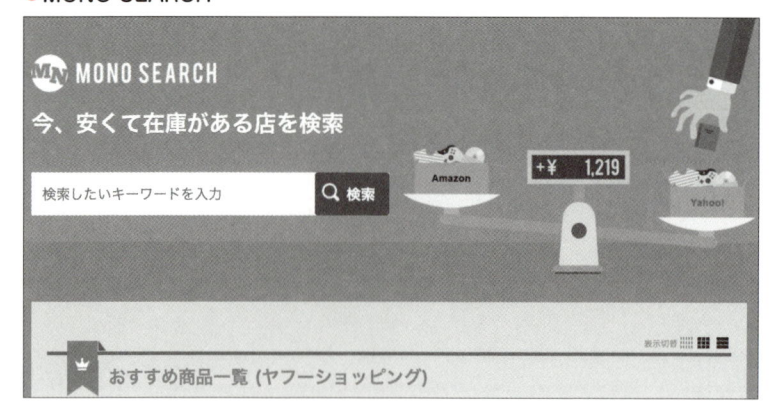

④ ネット在庫.com

メディア系がお薦めです。

http://www.net-zaiko.com/

● ネット在庫.com

⑤在庫あーる

メディア系、ゲーム関係がお薦めです。

http://zaiko-aru.com/

● 在庫あーる

比較サイトに引っかからない 商品を見つけよう

● ツールや比較サイトに引っかからない商品もある

　商品の仕入れのためにリサーチしていると、ツール（拡張機能等）や比較サイトに引っかからない商品を見つけることがあります。

　これは、ツールや比較サイトで見つけることができるのが、主に大手のショッピングサイトだからです（中には、在庫がないためにツールや比較サイトに表示されないだけという場合もありますが）。

　そのため、小規模のショップに在庫があったとしても、ツールには引っかかりません。

　例えば、下記のタムタムというネットショップは、ツールでは引っかかりません。しかし、このような小規模のネットショップでも、ある方法で簡単に見つけることができます。

●タムタム画面

● 検索エンジンで探そう

　その方法とは、検索エンジンを使って探すことです。意外に簡単に探す

ことができます。

　例えば、検索窓に商品名を入れますと、そのキーワード関連のページが

表示されます。

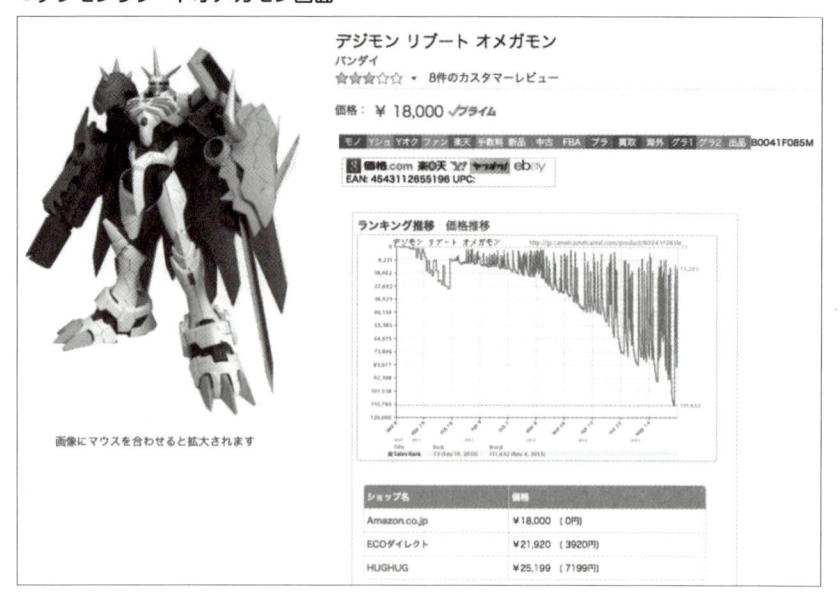

ただ、商品名ですとショップではないブログや他のサイトなども引っか
かってしまいます。そこで、キーワードを変えて、ネットショップが引っ
かかりやすいように検索することもできます。商品名ではなく、JANコー
ド（EANコード）で検索すると、ネットショップが引っかかりやすくなる
のです。

● JANコード（EANコード）画面

● デジモンリブートオメガモン商品画面

　また、ショッピングリサーチャーの拡張機能をインストールしていれ

ば、商品画像の横にJANコード（EANコード）が表示されますので、価

格.comの『g』のボタンをワンクリックすれば、Googleで簡単に検索す

ることもできます。

　さらに、検索ツールをクリックすると、期間を指定して検索できますの
で、例えば1か月前に更新されたページだけを表示させることもできま
す。

●ショッピングリサーチャー

9 一般的な仕入れ手順を知っておこう

● プレミア商品の場合はこう仕入れよう

プレミア商品の仕入れでは、まず第4章で紹介したプレミア商品リサーチを行い、プレミア商品を見つけます。

プレミア商品が見つかったら、ネットショップ横断検索サイト等で他のショッピングサイト、オークションサイトで安く売られていないかを検索しましょう。

差額がある商品が見つかったら、FBA料金シミュレーターで利益計算を行います（これについては次章で詳しく解説します）。

そして、モノレートで売れているかどうかの判断をします。そこで定期的に売れていると判断できれば、購入して出品します。

● Amazonの価格と差額のある商品はこう仕入れよう

一方、Amazonの価格と差額のある（定価より安い）商品の仕入れでは、まずネットショップで激安商品が引っかかるようにキーワード検索を行います（詳しくは第4章のリバースリサーチのところを参考にしてください）。

Amazonと価格差がある商品が見つかったならば、FBA料金シミュレーターで利益計算を行います。これは先ほどと同じです。

次にモノレートで売れているかどうかを判断します。これも先ほどと同じです。

　そして、売れていると判断できれば、購入して出品します。

　考え方としては、暗算で3割ぐらいの価格差があればお薦めの商品になります。また、ポイントも考慮して計算しても構いません。

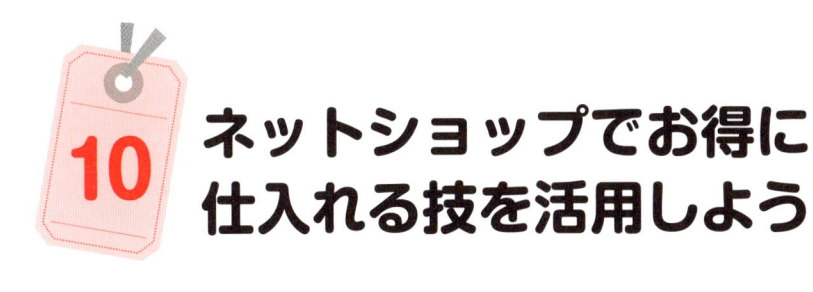

ネットショップでお得に仕入れる技を活用しよう

10

● セールやポイント還元率の高いときを狙おう

ネットで仕入れを行うとき、効率を高める方法がいくつかあります。それをご紹介しておきましょう。

①セール期間を狙う

まずはセール期間中を狙います。セールにもいろいろなパターンがあると思いますので、セールの時期を常にチェックしておきましょう。

決算セールなどは、特にお薦めです。

②ポイント還元率が高いネットショップ、期間を狙う

これはポイントを有効に使う方法です。ポイントの還元率が高いネットショップから優先的に商品を探します。

また、土曜日にポイントが5倍になるものがあれば、前もってカートに入れておき、土曜になったら仕入れるようにするとお得です。

③スマホアプリでさらにポイントを獲得する

スマホアプリの中には、それを利用するとポイントが加算されるものもあります。そのようなものがあれば率先して利用するようにします。

● ポイントが貯まるスマホアプリの例

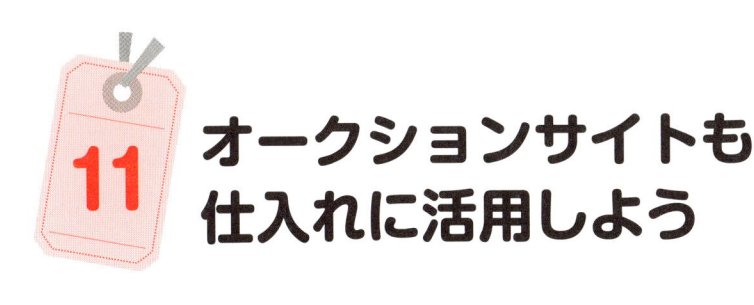

オークションサイトも
仕入れに活用しよう

● インターネットオークションも重要な仕入れ先

インターネットオークションとは、その名の通り、インターネットを介したオークション（競売）です。これも、ネットショップ以外の重要な仕入れ先になります。

日本ではヤフオク！が最大手のサイトになっていて、他にモバオクなど、検索サイトやオンラインショッピングサイトが独自のサービスを展開しています。

2013年以降は、インターネットオークションに競合するサービスとして、フリマアプリが登場していますが、インターネットオークションはまだまだ無視できない存在です。

● インターネットオークションの流れを知っておこう

オークションのシステムは3つの段階に分かれています。

①出品

②入札

③落札

オークションの期間が終了し、落札者と落札価格が確定されると、商品ページに公表され、入札者と落札者の双方に電子メールで通知されます。

また、その後の入金や商品の発送などの取引は、基本的に当事者間で行われます。

● 初めての人はヤフオク！がお薦め

ネットオークションにはそれぞれ特色のあるいろいろなサイトがありますが、ネットオークションの経験のない方が始める場合には、まずはヤフオク！の利用をお薦めします。

ヤフオク！は商品数と参加人数、ともに日本一です。利用者数が多いので他のオークションサイトに比べ品数が豊富で、探している商品が見つかる可能性が高くなります。

では、ヤフオク！でほしい商品を見つけ、できるだけ安く落札するコツを簡単にお話しておきましょう。

● 検索を使いこなそう

ブランド名や特定のメーカー、あるいはキャラクターの名前がわかっている場合は、キーワード検索をします。

商品名がわからない場合は、カテゴリー検索をします。カテゴリーの中の数が多いときは、そこから数を絞っていきます。

● インターネットオークションには狙い目の商品がある

　同じ商品を探す場合でも、狙い目の商品があります。まず、検索されにくい商品です。

　以下のような商品は、検索されにくい＝ライバルが少ないため、低価格で落札しやすくなります。

・商品名が複数ある（例えば、日本語と英語）が、それが併記されていないもの

・終了時間が入札者が少ない時間帯になっているもの

・タイトル表記がなく、画像だけのもの

・落札までの時間が短いもの

・誤字のまま出品されているもの

・メーカー名だけで出品されているもの

　また、敬遠されやすい商品も、ライバルが少ないため狙い目です。例えば、以下のような商品です。

・状態が悪いまま出品されているもの（程度の確認は必要）

・まとめ売りがされているもの

・季節はずれのもの

・マイナーではあるが、高額なもの

● インターネットオークションには狙い目の時期もある

急に人気が出たものは、時間が経過するほど安く仕入れられます。ただし、自分が売るときの価格も下がっていきますので、そこは利益率との兼ね合いになります。

家具などは引っ越しの時期が狙い目です。3〜4月が一般的にお薦めです。

● ウオッチリストを活用しよう

気に入った商品が見つかっても、すぐには入札はしないほうがいいです。最初はウオッチリストに登録しておきます。

なぜなら、いったん入札をしてしまうと、後で違う商品を見つけても、入札を取り消しできないからです。

安い商品は終了前に入札が増えて価格が上がります。そのようなときのために、複数の商品をウオッチリストに入れておき、直前にどれがいいかを決めてから入札を行うといいでしょう。

● アラート設定を活用しよう

探している商品が見つからないときは、アラート設定をしておきます。すると、ほしいものが出品されたときに、通知が来ます（後述の専用アプリがあります）。

特に出品数が少ない商品を探している場合は、利用するといいでしょう。

● 入札前には出品情報を必ずチェックしよう

　入札前には必ず商品情報をチェックしましょう。後でトラブルを防ぐためにもチェックは欠かせません。わからないことがあれば、問い合わせをします。疑問点はすべて解消してから入札すべきです。

　また、過去に同じものが出品されていないかもチェックします。同時にいくらで落札されたかもオークファンを使って調べましょう。

https://aucfan.com/

●オークファン

　それから、もし買った商品を出荷する日時が決まっているときなどは、到着するまでの期日も確認してください。入金や発送の時期により、時間がかかることもあります。

　また、配送の方法や送料なども確認しましょう。人によっては代引きに

している出品者もいます。

　さらに、評価の数やコメント欄などもチェックして、トラブルが今までになかったかどうかも見ておくといいでしょう。

　最後に、出品者の他の出品商品も見てみるといいと思います。自分がほしいものが意外に多く出ていることもあります。他にほしいものがあれば、そちらもまとめて落札して、まとめて配送してもらえば、送料が安くなることもあります。

● 入札のコツを知っておこう

　次に入札をするときのコツについてお話します。これにもいくつかの方法があります。

①早めに入札をしておく

　一番のメリットは入札忘れがないことです。一度、入札をしておけば、他の人が高値で入札をしたときに連絡のメールが来ますので、常にチェックをしなくても済み、とても便利です。

②自動入札ツールを利用する

　自動入札ツールを利用する方法もあります。時間と入札金額を設定すれば、自動で入札ができます。

　オークファンが提供している入札予約サービス、もしくは無料で提供されている入札ソフト「BidMachine」がお薦めです。

・オークファンの自動入札サービス

　　　　　https://aucfan.com/user/lite/aucsnipe/

・BidMachine　http://lafl.jp/bidmachine/

● オークファンの自動入札

●BidMachine

③終了間際に入札をする

　オークションの価格は、終了の10分前から急激に上がる傾向があるので、注意が必要です。

　また、ほとんどのオークションは自動延長ありになっていますので、そこも注意が必要です。自動延長ありの場合は、終了5分前から終了までに高値更新されたときは、終了時間が5分間延長されます。その場合は終了間際に入札をして、他の人が高値で更新をしていないかを確認してください。

　終了間際に一気に価格を上げて落札する方法もありますが、そこは自

分の予算と相談しながら決めてください。

　自動延長がない場合は、終了の間際に高値で入札するといいでしょう。

　なお、どの方法で入札するにせよ、入札前には送料や手数料などを含めた自分の入札価格を決定しておきましょう。ただし、即決価格の設定があり、どうしても落札したい場合は即決で落札します。

　ネットオークションは思わぬ価格で商品を手に入れることができます。最初はうまくできなくても、経験を積んでより良い商品を獲得できるようになってください。

12 フリマアプリも仕入れに活用しよう

● フリマアプリにはさまざまな特徴がある

今までのネット物販とは違い、パソコンを使わなくてもスマホ1台で出品でき、それほどテクニックがなくても簡単に売買できるのがフリマアプリです。これは、フリマアプリでは出品者と購入者の距離が近いからでしょう。

それでは、フリマアプリの特徴を見てみましょう。

①フリマアプリは固定価格

オークションには即決と入札があります。即決価格は入札した時点で仕入れが確定しますが、入札ですと価格差がある商品を見つけてもオークションが終了するまでは仕入れをすることができません。

これに対して、フリマアプリは入札ではなく、すべて固定価格になります。そのため、入札で競り合ったりすることがありませんし、安い商品を見つければ簡単に仕入れができます。

また、値下げ交渉も可能です。

②商品の代金を運営元に支払うので安心

オークションでは金銭の授受を代行してくれるサービスもありますが、

銀行取引しか対応しない出品者もいます。

　しかし、フリマアプリの場合は出品者でなく、運営会社と金銭の授受を行います。取引成立後に商品の到着を出品者、購入者の両者が確認できた時点で、運営会社から出品者にお金が振り込まれる仕組みです。

　このため、金銭授受のトラブルが起こりにくく、安心して取引ができます。

③売買が成立しなければ無料

　ほとんどのフリマアプリは無料でダウンロードできるiPhone/Android対応のスマホアプリです。基本的に登録は無料で、出品だけなら会費もかからず、無料で利用することができます。

　ただ、フリマアプリの中には販売時に手数料がかかるものもあります。

● フリマアプリは３パターンで活用できる

　フリマアプリで稼ぐパターンとしては、3通りが考えられます。

①フリマアプリ➡Amazon・ヤフオク！

　フリマアプリで仕入れてAmazon・ヤフオク！といった他の販路で転売します。相場をあまり知らない初心者の出品者から商品を仕入れ、それらを他の販路で高く売るわけです。

　オークファンやモノレートなどを活用して、比較しながら仕入れていきます。

②国内仕入れ➡フリマアプリ

　メルカリは仕入れだけでなく、出品先としても使えます。つまり、メルカリ以外で安く仕入れて、メルカリで高く売るパターンです。

　この場合、ユーザーに合った商品を仕入れることがポイントです。例えば、メルカリのユーザーは10代後半から30代前半の人が多く、特に女性が多いと言われています。そのようなユーザーにとってどのような商品が売れるか、それを考えながらヤフオク！、モバオク、Amazonから商品を仕入れます。

③海外仕入れ➡メルカリ

　海外から仕入れてメルカリで販売するパターンもあります。海外の中でも、中国から仕入れるのがお薦めです。

　メルカリでは既に中国製品を売っている人がたくさんいますので、その人が扱っている利益が出ている商品をリサーチして、それと同じ商品を中国のサイトから仕入れて販売します。

　以上が主な利益を出す方法ですが、最初は仕入れ先として利用するようにしてください。

13 主なフリマアプリを 知っておこう

● お薦めのフリマアプリはこれだ

ここでは、お薦めのフリマアプリをご紹介しましょう。ひとくちにフリマアプリと言っても、特定のジャンルに特化しているなど、さまざまなアプリがあります。複数のアプリを特徴別に上手に使い分けてください。

①メルカリ

フリマアプリと言えばメルカリと言われるほどの人気があります。ユーザー数も圧倒的に多く、ほとんどの人が利用しています。

● メルカリ

②メルカリカウル

メルカリの姉妹アプリです。本やCD、DVD専用で、バーコードをスマホのカメラでスキャンすると出品できます。

JANコードを使えば、同じ商品の最安値が確認でき、メルカリカウルで出品するとメルカリにも同時に出品ができます。

● メルカリカウル

③ラクマ

もともとは楽天株式会社が運営する「ラクマ」と、楽天グループの株式会社Fablicが運営する「フリル」という2つのアプリがあったのですが、2018年2月に統合され、「ラクマ」となりました。

● ラクマ

④ショッピーズ

これもファッション系、美容コスメ系のフリマアプリです。

● ショッピーズ

⑤ブクマ

本に特化したフリマアプリです。

⑥オタマート

オタク系のフリマアプリです。

●オタマート

⑦モノキュン

これもオタク系のフリマアプリです。

●モノキュン

⑧クリーマ

　ハンドメイドに特化したフリマアプリです。

⑨ミンネ

　ハンドメイド作品、雑貨、アクセサリーなどに特化したフリマアプリです。

●ミンネ

⑩スマオク

　ブランド品に特化したフリマアプリです。

●スマオク

⑪フリマノ

カカクコムが運営しているフリマアプリです。

● フリマノ

⑫ガレッジセール

売るだけでなく、あげたり、交換することもできます。

● ガレッジセール

⑬フリママ

　ベビー用品に特化した子育て支援フリマアプリです。

●フリママ

⑭ゴルフポット

　ゴルフ用品に特化したフリマアプリです。

●ゴルフポット

⑮ゴロゴロバイクパーツ

　バイクパーツに特化したフリマアプリです。

●ゴロゴロバイクパーツ

⑯ブンブン！マーケット

　これもバイクパーツに特化したフリマアプリです。

●ブンブン！マーケット

⑰セルバイ

釣り用品に特化したフリマアプリです。

●セルバイ

これ以外にもある分野に特化したアプリがあるかもしれません。仕入れる際には、ユーザーが少ないアプリのほうがお得と言えるでしょう。

● 出品お知らせアプリも活用しよう

また、フリマアプリにほしい商品が出品されたときに、自動的に知らせてくれるアプリもあります。

①フリマアラート

フリマに出品した商品をアラート通知してくれます。複数のフリマを同時に検索してくれますので、とても便利です。

● フリマアラート

②フリマウオッチ

　基本的にフリマアラートと機能は同じです。インストールしておくだけで、指定の商品が出品されると知らせてくれます。

●フリマウオッチ

14 フリマアプリのトラブル 対処法を知っておこう

● 購入者サイドでのトラブルはこう解決しよう

　ここではフリマアプリの代表であるメルカリの事例をお話したいと思います。

　メルカリはフリマアプリの中では一番多くのユーザーに利用されていますが、それに伴ってキャンセルや返金などのトラブルも多く報告されています。

　まずは最初に自分が購入者になったときのトラブルについて見てみましょう。

①発送通知が来ない、商品が届かない

　探していた商品を見つけ、支払いも済ませた後、通常であれば、記載された通りに発送通知が届いて商品が自宅に送られてくるはずです。

　ところが数日経っても商品が来ない、遅い。このようなことは個人間の取引ではよくあります。そのほとんどの場合、出品者が忘れていることが多いです。

　そのようなときは、焦らずに相手に連絡を取りましょう。もし、連絡をしても発送通知も商品も届かない場合は、事務局に連絡すればすぐにキャンセルが行われ、代金も返却してくれます。

フリマアプリは決済面での安全性が担保されているところが、大きくヒットする理由にもなっています。

②送料込（送料無料）の商品なのに着払いで届いた

　送料込と書かれていたのに、着払いで商品が届くことがあります。自宅にいるときに届いたならば受け取りを拒否もできますが、そうでないときや、商品を受け取ってしまった場合はどうすればいいでしょうか。

　そのようなときでも心配はいりません。後でその分のお金は返金してもらうことが可能です。

　ただ、そのとき注意したいのが、受け取り評価をしないこと。これが重要です。受け取り評価をしてしまうと、メルカリから販売者にお金が支払われてしまいます。

　逆に言えば、受け取り評価をしなければ、相手のお金は自分が持っていることになるので、取引メッセージから、「送料無料の商品が着払いで届きました。送料分を返金してほしいのですが、どうすればいいでしょうか」と、送れば大丈夫です。出品者はすぐに対応してくれるはずです。

　それでも解決しない場合は、メルカリの事務局に連絡してください。相手にペナルティをつけて解決してくれます。

③説明文と違う商品が届いたり、商品が壊れていた

　この場合も前の事例と同様、受け取り評価は絶対にしないこと。そして、先ほどと同じように取引メッセージを使って相手と相談します。

　「商品説明文には○○状態と書いてありましたが、内容と違う商品が届

きました。商品を返送したいのですが、どうすればいいでしょうか」

　このように相手に伝え、相手の対応が悪ければ、この場合もメルカリの事務局に連絡します。

④商品購入後に相手の都合でキャンセルしたいと言ってきた

　悔しい気持ちはわかりますが、ここは我慢をして応じること。運営事務局がしっかりと返金をしてくれます。

●出品者サイドでのトラブルはこう解決しよう

　フリマアプリでは、出品者サイドになることもありますので、そのときに起こりやすいトラブルもお知らせしておきます。

①受け取り評価が遅い、してくれない

　受け取り評価されないと、入金されません。そのようなときは、取引メッセージを使って相手に連絡を取りましょう。

　「この度はありがとうございます。商品は届きましたでしょうか？　届いていましたら、受け取り評価をお願いいたします。もし、何かあればご連絡ください」

　このような文面を相手に送ります。それでも連絡がない場合は、事務局に連絡して解決してもらいます。

②売上金没収、強制退会

　あまりない事例かもしれませんが、規約に違反すると、最悪、売上金の

没収、強制退会になることがあります。それを防ぐには規約違反をしないことです。

　自動出品ツールを使って大量に出品をしたり、アカウントを作ったばかりなのに、いきなり1000もの商品を売ったりすると処分を受けます。

　メルカリは個人間の取引を目的にしていますから、そのことをきちんと理解して利用してください。

ポイントサイトを使ってさらに得をしよう

● ポイントサイト経由でもっとポイントが貯まる

ポイントサイトとは、金品などと交換できるインターネットポイントがもらえるウェブサイトのことです。

ポイントサイトで紹介しているオンラインショップ（楽天市場、Yahoo!ショッピング等）を利用するとポイントが貯まり、ポイントが一定額に達すると現金や商品券、オンラインショップのポイントなどと交換ができます。

ポイントサイトを経由して購入するだけで、0.5〜数%がポイントとして貯まり、普通に買い物をするよりもお得となります。

● ハピタスがお薦め

さまざまなポイントサイトがありますが、一番お薦めなポイントサイトはハピタスです。

ハピタスは大手企業や有名ショップ1000軒以上と提携していますので、さまざまな生活シーンでポイントが貯まります。貯めたポイントは現金やギフト券、電子マネーに交換が可能です。

https://hapitas.jp/

● ハピタス

　商品を購入する際は、必ずハピタスから該当するショップのバナーをク
リックしてそのショップに入ってから商品を購入してください。

● ポイント画面

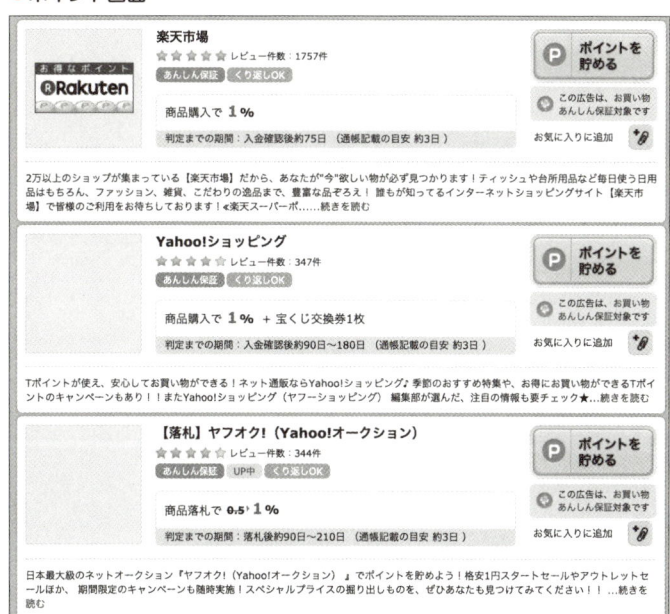

ネット在庫ドットコムや価格ドットコム等の比較サイトから商品を探して、直接、そのショップに入ってしまうとポイントがつきません。

　比較サイトは商品の最安値を見つけるためのものですから、そこで最安値を見つけたら、ハピタス等のポイントサイトから最安値のショップに入ることが必要です（ハピタスに掲載のないショップもあります）。

16 ギフト券を使って安く仕入れよう

● ギフト券は金券ショップから安く購入できる

　商品を買う前に、事前にギフト券を金券ショップから安く購入します。そうすれば、金券ショップで買った値段との差額分だけ安く買えるというテクニックです。

　インターネット上で格安ギフト券が購入できる取引所はいくつかありますが、その中でお薦めなのは「Amaten」です。

https://amaten.com/

● Amaten

そのときのキャンペーンにもよりますが、5%程度、商品が安く買えることになりますので、それだけ利益率を増やせます。

●Amatenの出品・購入で使えるギフト券

出 品 ・ 購 入 で き る ギ フ ト 券

Gift cards inventory

Amazon	iTunes	GooglePlay	LINE	DMM	楽天
WebMoney	BitCash	GREE	Mobage	Nintendo	Playstation
nanaco	Windows	C-CHECK	NetRideCash	Ameba	レコチョク
BookLive!	honto				

RSSを使ってセール情報を自動的に手に入れよう

● サイトの更新情報や新着情報は自動的に取得できる

みなさんはRSSという言葉を聞いたり、見たことがあるでしょうか。アイコンとして表記されているものもありますので、ご覧になった方も多いと思います。

RSSとは、ウェブサイトの新着情報を自動的に配信してくれるサービスのことです。これに登録しておけば、チェックしたいサイトをわざわざ見にいかなくても、サイトの更新情報や新着情報を自動的に取得することができ、時間的にも効率化が図れます。

● RSSリーダーを使って更新情報を一括管理しよう

RSSの情報を取得するには、RSSリーダーというツールが必要です。このRSSリーダーは複数のサイトの更新情報を一括して管理ができるので、非常に便利です。セールやイベント情報を素早くキャッチするのに最適なものと言えます。

お薦めは「Feedly」と「InoReader」です。

・Feedly　　　　https://feedly.com/

・InoReader　　https://www.inoreader.com/

● Feedly

● InoReader

18 初心者が陥りやすい失敗例を知っておこう

● 事前に知っておけば失敗を防ぐことができる

最後に、初心者が失敗しやすい例を紹介しておきます。事前に知っておくことで、失敗を防ぐことができます。

①送料や手数料などの諸経費を忘れてしまう

販売価格から仕入れ価格を引いた差額がそのまま利益にはなりません。Amazonの公式FBA料金シミュレーターを使えば、販売手数料や成約料などが簡単に計算できますので、こちらをぜひ活用してください。

ただ、計算されない諸経費もありますので、それも忘れないようにしてください。

②最近のランキングだけで仕入れてしまう

商品を仕入れるときには、売れている頻度や順位を参考にします。そのとき、目安になるのがAmazonのランキングです。

ただ、あまりにもランキングを重要視しすぎると危険です。なぜなら、いつもは売れていない商品でも、たった1回売れただけでランキングが上がってしまうことがあるからです。

そのような状況を見極めるには、モノレートなどを利用すれば、売れて

いる頻度や通常の順位を確認することができます。

③似ているものを間違って買ってしまう

　ゲームやCD、DVDなどによく見られる特典つきの初回限定盤は、パッケージが通常盤と似ている場合が多いです。また、同じ作品でもDVDとブルーレイでは値段が大きく変わります。

　家電でも、見た目は変わらないけど型番が異なる商品もあります。

　このようなものを間違って仕入れると、大きな損失になります。間違えないためにも、見た目だけでなく、JANコードまでしっかりと確認してください。

④価格競争に怖気づいて、商品の値下げをしてしまう

　買う側からすれば、値下げ競争が過熱するのはうれしいですが、販売者側からすれば利益が薄くなるので、できるだけ避けたいところです。

　値下げ競争に参加しても、販売者側は何も得をしません。最低価格より値下げをしないで落ち着くのを待つことです。

⑤コンディションに問題のある商品を販売して評価を下げる

　Amazonで商品を購入する人は、たとえ中古品でもある程度コンディションのいい商品を期待しています。

　そのため、あまりダメージが大きい商品の場合は、正直に説明欄に書くことも大事ですし、出品を見あわせることも必要です。

⑥回転率の低い商品ばかりを仕入れて、次の仕入れができなくなる

　利益の大きいものを狙って、回転率の低い商品ばかりを仕入れるのは、非常にリスクのある行為です。その結果、資金が尽きると、急に買いたい商品が出てきたときでも対応ができなくなってしまいます。

　初心者のうちは、回転率の高い商品を選ぶべきです。そうすれば、キャッシュフローが確保でき、高い評価も貯まります。

　また、商品がどんどん売れればやる気もアップするので、継続しやすくなります。

第6章

出品のテクニックも
押さえよう

まずはAmazonに出品してみよう

● 出品手順は簡単！

仕入れた商品は、Amazonに出品します。

第3章で解説した手順でAmazonの出品アカウントの登録ができていれば、出品の操作自体は難しくありません。

いくつかの方法がありますが、私がいつもおこなっている方法をご紹介します。

まずAmazonにログインします。Amazonのサイトを開き、自分のアカウントでログインします。「こんにちは、○○さん（あなたの名前）」と表示されていればOKです。

「こんにちは。サインイン」と表示されているときは、サインインのボタンをクリックしてログインしてください。

次に出品したい商品を検索します。Amazonの検索窓に商品のタイトル、またはJANコードを入力すれば、Amazonに登録している商品名が出てきますので、その中から自分が出品したい商品を選べば終了です。

なお、この章の後の項目で出品大学について解説していますが、そこではAmazonが講座を開いていて、出品に関するいろいろなことを情報として提供しています。商品登録の方法も解説してありますので、出品に関しては、ここをご覧になることをお薦めします。

Amazonの FBAを活用しよう

2

● Amazonによる出荷代行サービス

FBAとはフルフィルメント by Amazonの略です。Amazonが運営する倉庫（Amazonフルフィルメントセンター）へ納品を行えば、その後の受注管理、出荷業務、出荷後のカスタマーサービスをAmazonが代行してくれます。

また、FBA対象の商品は、国内配送料無料、Amazonプライム、ギフトサービスが適用され、受注、出荷、配送、カスタマーサービスの品質はAmazon.co.jpリテール部門が扱う商品と同等です。

納品作業以降の業務はAmazonが代行しますし、納品した商品の受領状況や在庫の状態は、セラーセントラルから確認できます。

● FBAの利用手続きをしてみよう

FBAを利用するには、次のような手続きが必要です。

①出品サービスへの申し込み（出品アカウントの登録）

↓

②FBAの利用申し込み

↓

③商品登録

⬇

④対象商品をFBAに指定

⬇

⑤FBA対象商品を倉庫に送る手続き

⬇

⑥商品をAmazonの倉庫へ納品

⬇

⑦販売開始

　FBAの利用は、Amazon出品サービスの登録時、あるいはAmazon出品サービスの利用開始後に申し込みができます。

●FBAにはさまざまなメリットがある

　FBA対象の商品は、前述の通りAmazon.co.jpのページでAmazonプライム対象の商品となりますので、購入者に国内配送料の無料サービスなど、Amazonプライム対象商品であることのメリットをアピールできます。

　また、Amazonが在庫の保管から出荷まで、出品者の商品を管理しますから、出品者の作業負担が軽減されます。

　さらに、フリマやオークションなど、Amazon.co.jp以外の販売チャンネル（経路）で受注した商品でも、出品者に代わってAmazon.co.jpがお客様に商品を発送するサービスも利用できます。

まとめると、次の通りです。

・仕入れた商品をAmazonに送れば、その後はAmazonが配送からフォローまでをすべてやってくれる
・FBAの手数料はかかるが、自分で発送するセラーよりも高値で売れるので、手数料を差し引いても利益が上がる
・Amazon以外の媒体（フリマ、オークション等）で商品を販売しても、発送を任せることができる

Amazonの販売手数料と FBA手数料に注意しよう

● 販売手数料は15%が目安

Amazonで商品を販売したいと思ったとき、チェックしておきたいのが販売手数料とFBA手数料です。

最初は販売手数料です。これは商品のカテゴリーによって違ってきます。だいたいですが、15%を目安にしてください。

● 販売手数料

販売手数料

メディア商品（本、ミュージック、ビデオ・DVD）は、商品価格に以下のパーセンテージをかけた金額が費用です。メディア以外の商品は、商品代金の総額（配送料、またはギフト包装料を含む）に以下のパーセンテージをかけた金額が費用です。小口出品では時々、アパレル・シューズ・バッグ、ジュエリー、ペット用品、ドラッグストア、コスメ、食品&飲料カテゴリーの商品はご出品いただけません。

商品カテゴリー	販売手数料率
本	15%
CD・レコード	15%
ビデオ・DVD	15%
エレクトロニクス（AV機器&携帯電話）	8%
カメラ	8%
パソコン・周辺機器	8%
（エレクトロニクス、カメラ、パソコン）	10%（最低販売手数料は50円）
付属品	（注3）
Kindle アクセサリ	45%
楽器	8%
ドラッグストア	10%
ビューティー	10%（注4）
スポーツ&アウトドア	10%
カー&バイク用品	10%
おもちゃ&ホビー	10%
TVゲーム	15%（注5）
PCソフト	15%
ペット用品	15%
文具具・オフィス用品	15%（注6）
ホーム（家具・インテリア・キッチン）	15%（注7）
ホームアプライアンス	15%
大型家電	8%
DIY・工具	15%
産業・研究開発用品	15%
食品&飲料	10%（注8）
腕時計	15%（注9）
ジュエリー	15%
ベビー&マタニティ	15%
服&ファッション小物	15%
シューズ&バッグ	15%
その他のカテゴリー	15%

また、メディア商品にはカテゴリー成約料がプラスしてかかります。書

籍・ミュージック・DVD・ビデオ（VHS）の4種類です。

● カテゴリー成約料

	カテゴリー成約料（国内へ発送する場合）	
	メディア商品（本、ミュージック、ビデオ・DVD）は、販売手数料とカテゴリー成約料の2つを足したものが販売時にかかる費用です。	
商品カテゴリー	カテゴリー成約料	
書籍		¥60
ミュージック		¥140
DVD		¥140
ビデオ (VHS)		¥30

● 発送費用は最低でも146円

Amazonで販売した商品の発送方法には、2つのパターンがあります。自分で発送する場合と、先述したFBAで発送する場合です。

自分で発送する場合は、郵便局の定形外郵便とゆうメールを使用します。大きさや重量によって料金が変わりますので、その都度、確認してください。

FBAを利用する場合は、最低でも146円かかります。そこに在庫保管料が商品1個あたり月間数円～数百円、大きい商品だと数千円かかります。

在庫保管料は大きい商品ではない限り、それほど気にしなくてもいいですが、FBAを利用する際には、最低でも146円かかることを覚えておいてください。

FBAを利用する場合、目安として1000円以上で売れば儲けが出ることになります。原価によっても違ってきますが、1つの目安として参考にしてください。

●FBA料金シミュレーターを活用しよう

FBA料金シミュレーターを使えば、Amazonの手数料計算を的確に、簡単に算出してくれます。

特に重量がある商品や大きい商品は、思ったよりも経費が発生する可能性がありますので、初めて扱う商品はFBA料金シミュレーターで計算するようにしましょう。

やり方は次のようになります。

まず、FBA料金シミュレーターを開いたら、タイトルかASINコードのいずれかを入力して検索をクリックします。

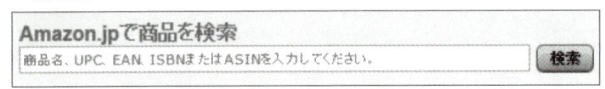

例えば、下記の商品の場合、商品タイトルであるポケットモンスターオメガルビーをコピーして貼り付けます。

●商品

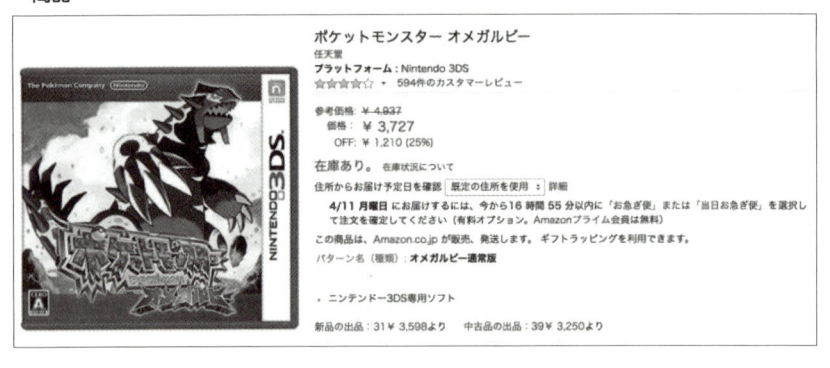

もしくは、商品ページの下のほうにあるASINコードをコピーして貼り付けます。

● 検索画面

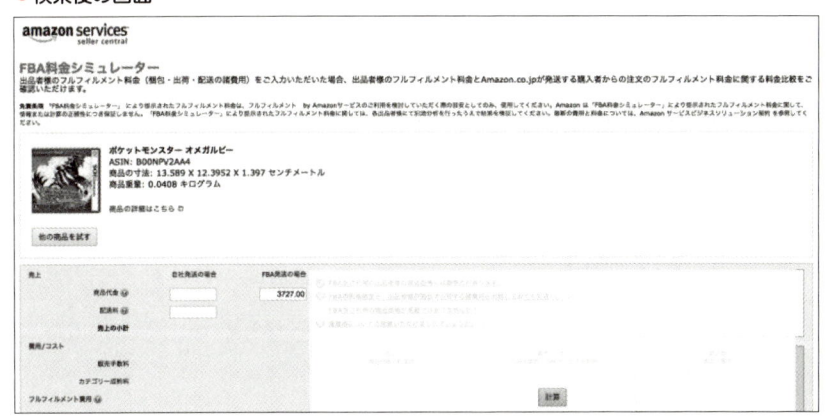

検索をすると下の画面に変わります。FBA発送をするならば商品代金の右の枠、自分で発送するならば左の枠にこの商品の現在の販売価格、ここでは3727と入力します（あるいは自分が販売しようと思っている価格でも構いません）。

● 検索後の画面

入力をしたら、計算をクリックします。利益がわかる表示に変わります。

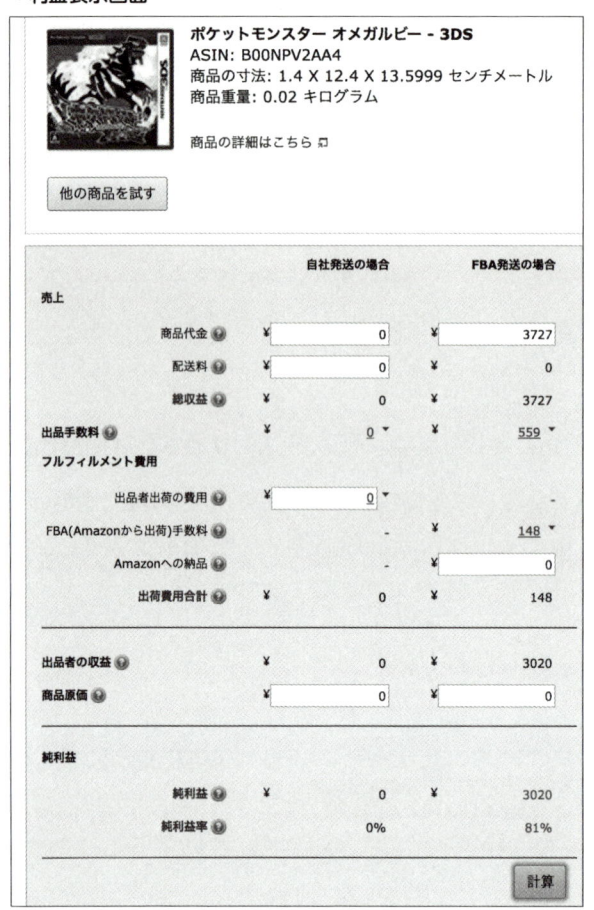

　画面にはFBA発送の場合、3020円がAmazonに入金されると表示されています。このように、どちらで販売したほうが利益が出るかがすべてわかるようになっています。

　FBAを利用したときは、出品者が出荷したときの価格より高くても優先的に売れやすくなっています。Amazon側でも、自社のサービスを使っ

てもらうことで収益が増えますから、FBA利用者を優先しています。そのため、アカウントにまだ信用ができていないときは、積極的にFBAを利用するといいでしょう。

　また、同じカテゴリーで似たようなサイズ・重さの商品を検索すれば、完璧ではありませんが、だいたいの目安として手数料などをシミュレーションすることもできます。

4 Amazonのショッピングカートを獲得しよう

● カートボックスを獲得すると圧倒的に購入されやすくなる

Amazonで商品を販売する場合、カートボックスを獲得することが非常に重要になります。

カートボックスを取得した状態というのは、次のような状態です。

● カートボックス

つまり、商品の販売ページのトップに自分のストアが出ている状態で

す。カートボックスを獲得していると、「この商品は、（自分のストアの名前）が販売し、Amazon.co.jpが発送します」と表示されます。

　この状態で購入者が右上の「ショッピングカートに入れる」をクリックすると自分のストアから商品が買われることになります。

　ショッピングカート取得者以外から商品を買うには、出品者一覧を見なくてはいけませんから、ほとんどの購入者はカートボックスに出品しているストアから買います。したがって、カートボックスを獲得すると、圧倒的に商品を購入されやすくなります。

● カートボックスを獲得できる条件を知っておこう

　では、どうすればカートボックスを取得することができるのでしょうか。その条件は以下の通りです。

①価格

　価格はカートボックスの獲得に影響します。そのため、現在のカートボックス取得価格から大きく離れるとカートボックスの獲得は難しくなります。

　ただ、最安値がカートボックスを取得できるとは限りませんので、無理に安くする必要はありません。

　私の今までの経験では、商品の単価次第です。販売価格が1000円〜5000円くらいまでは、FBA最安値から100円以上離れると厳しいですが、1万円を超える商品の場合、FBA最安値から100円以上離れてもカートは取れます。

②顧客満足指数

顧客満足指数は、以下の6項目で決まります。

・注文不良率

・キャンセル率

・出荷遅延率

・ポリシー違反

・回答時間

・評価

注文不良率・キャンセル率は、返品されたり、クレームが来ると評価が下がります。

出荷遅延率は、自分で商品を発送している人以外は関係ありません（自分で発送する人はなるべく早く出荷できるようにしなければいけません）。

ポリシー違反は、Amazonのポリシーに違反するような商品を出品した場合などに評価が下がります。

回答時間は、お客様からのメッセージへの回答時間です。基本的に24時間以内に返信しましょう。

評価はもっとも大事なものです。評価数は売り上げ以上に大きく影響します。

③在庫数

　商品の在庫数もカートボックスの取得率に影響すると言われています。また、同ジャンルの関連商品を販売していて、その関連商品の在庫を持っているかどうかもカートボックスの取得率に影響します。

　さらに、Amazon.co.jpで出品している期間や取引数も関係があります。その点、初心者が出品する場合は不利ですが、他の要素次第で新規出品者でもカートボックスは充分に獲得できますから安心してください。

　ただ、出品形態が大口出品でなければカートの獲得はできません。また、当然、自分で出品している人よりもFBA出品者のほうが断然、有利です。新規出品者でもFBAを利用していて、最安値付近であれば、ショッピングカートは獲得できるでしょう。

●カートボックスの取得率を確認しよう

　カートボックスの取得率は、セラーセントラルから簡単に確認できます。やり方は次の通りです。

①セラーセントラルの上部「レポート」をクリック

②「ビジネスレポート」をクリック

③ASIN別「(新) 商品別詳細ページ売り上げ・トラフィック」をクリック

	セッション	セッションのパーセンテージ	ページビュー	ページビュー率	カートボックス獲得率	注文された商品点数	ユニットセッション率	注文商品売上	注文品目総数
	161	0.30%	229	0.29%	91%	6	3.73%	¥9,600	6
	2,652	4.88%	3,754	4.69%	14%	5	0.19%	¥8,800	5
	193	0.36%	276	0.34%	66%	5	2.59%	¥7,500	5
ey ぬいぐるみ ツムツム グッズ）	441	0.81%	627	0.78%	38%	5	1.13%	¥34,894	5
36384	672	1.24%	964	1.20%	10%	4	0.60%	¥11,185	4
	464	0.85%	614	0.77%	29%	3	0.65%	¥7,050	3
	1,170	2.15%	1,840	2.30%	26%	3	0.26%	¥4,359	3
	306	0.56%	405	0.51%	16%	2	0.65%	¥4,890	2
	56	0.10%	101	0.13%	48%	2	3.57%	¥3,700	2
	95	0.17%	120	0.15%	65%	2	2.11%	¥2,200	2

　表を見るとわかりますが、ここでいろいろなデータを確認することができきます。

　カートボックス取得率が低い商品は、何らかの原因がありますので、それを改善する必要があります。

　セッション（アクセス）が多く、カートボックス取得率も高いのに売れていない商品は、価格に問題があると考えられます。まずは価格の調整をすることから始めましょう。

FBA出品の有利さを知っておこう

● FBA出品は自己出品より高く売れる

　商品単価にもよりますが、だいたいFBA出品にすると自己出品者よりも1割～1.5割も高く売れます。

　例えば、下記の商品を見てください。

● FBA出品された商品

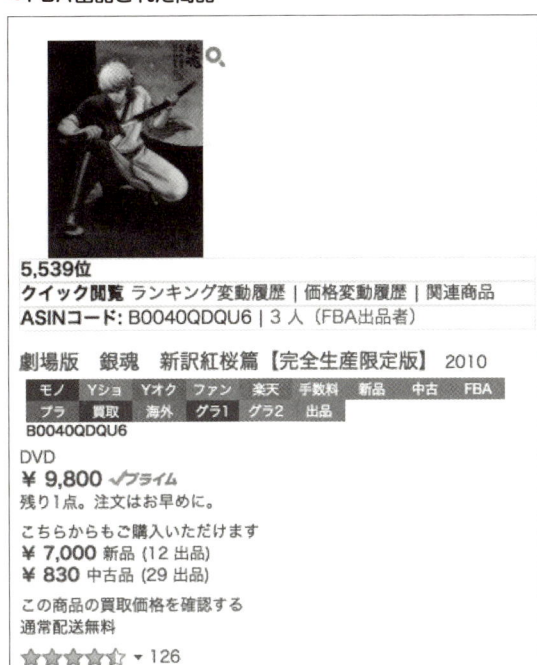

5,539位
クイック閲覧 ランキング変動履歴 | 価格変動履歴 | 関連商品
ASINコード: B0040QDQU6 | 3 人（FBA出品者）

劇場版　銀魂　新訳紅桜篇【完全生産限定版】 2010

| モノ | Yショ | Yオク | ファン | 楽天 | 手数料 | 新品 | 中古 | FBA |
| ブラ | 買取 | 海外 | グラ1 | グラ2 | 出品 | | | |

B0040QDQU6
DVD
¥ 9,800 ✓プライム
残り1点。注文はお早めに。
こちらからもご購入いただけます
¥ 7,000 新品 (12 出品)
¥ 830 中古品 (29 出品)
この商品の買取価格を確認する
通常配送無料
★★★★☆ ▼ 126

最安値は7000円ですが、カート価格は9800円です。2000円以上の差がありますが、カートボックスが9800円になっていますので、その価格で売れると予想できます。

　なぜ高くても売れるのか？　それはお客様の中には1円でも安く買いたいと思う方もいらっしゃいますが、逆に少し高くても確実に届いて、決済方法も受け取り方法も選択できるFBA商品を購入したいと思っている方も多いからです。

　実際に私から商品を購入しているお客様の中には、お急ぎ便で買われる方も大勢いらっしゃいます。

　それ以外にも、FBAには次のメリットがあります。

・決済方法が豊富でコンビニ受け取り等も可能
・プライム対象商品で通常配送料無料
・確実に在庫がある
・出荷・梱包・発送もすべてAmazon
・何かあったときでもAmazonがすべて保証、対応してくれる
・注文確認メールや入金管理もすべてAmazon

　以上のようなメリットがありますから、購入者は安心して買うことができ、FBA出品者から買う確率が高くなります。

　モノレートの表には、新品・中古の最安値しか表示されませんが、基本的にカート価格で売れます。

艦隊これくしょん -艦これ- 武蔵改 軽有装Ver. 1/8スケール ABS&ATBC-PVC製 塗装済み完成品フィギュアの期間毎の最安値の表

調査日	ランキング	新品		中古		コレクター	
		出品者数	最安値	出品者数	最安値	出品者数	最安値
2015/10/18 0時+	1258	10	¥16,170	0		0	
2015/10/17 0時+	468	5	¥17,800	0		0	
2015/10/16 0時+	203	4	¥13,000	0		0	
2015/10/15 0時+	203	4	¥12,800	0		0	
2015/10/14 0時+	86	4	¥13,860	0		0	
2015/10/13 0時+	186	7	¥11,360	0		0	
2015/10/12 0時+	17371	7	¥11,360	0		0	
2015/10/11 0時+	4824	7	¥11,360	0		0	
2015/10/10 0時+	7366	7	¥11,360	0		0	
2015/10/09 0時+	6950	7	¥11,360	0		0	
2015/10/08 0時+	8619	7	¥11,360	0		0	
2015/10/07 0時+	26711	7	¥11,390	0		0	
2015/10/06 0時+	18477	7	¥11,360	0		0	
2015/10/05 10時+	7611	7	¥11,360	0		0	
2015/10/04 10時+	36480	7	¥11,360	0		0	
2015/10/03 11時+	29597	7	¥11,360	0		0	
2015/10/02 11時+	16722	7	¥11,360	0		0	
2015/10/01 23時+	19676	7	¥11,360	0		0	
2015/09/30 23時+	9308	7	¥11,360	0		0	
2015/09/30 10時+	16357	7	¥11,360	0		0	
2015/09/29 12時+	6154	7	¥11,360	0		0	
2015/09/28 10時+	5909	7	¥11,360	0		0	
2015/09/27 12時+	42999	7	¥11,360	0		0	
2015/09/26 17時+	34182	7	¥11,360	0		0	
2015/09/24 20時+	39446	7	¥11,360	2		0	
2015/09/23 12時+	17373	7	¥11,360	0		0	
2015/09/22 12時+	6933	7	¥11,360	2		0	
2015/09/21 20時+	29514	7	¥11,360	0		0	
2015/09/20 12時+	17698	7	¥11,360	2		0	
2015/09/19 12時+	20767	7	¥11,360	0		0	
2015/09/18 22時+	11809	7	¥11,360	2		0	
2015/09/18 0時+	18484	7	¥11,360	2		0	
2015/09/17 12時+	6501	6	¥11,460	0		0	

●本当のライバルは同じFBA出品者

たまに出品者が多いときがありますが、そのほとんどの場合、自己出品者ばかりです。

●新品出品者の画像

¥ 7,988 + ¥ 350（関東への配送料）コンビニ・ATM・ネットバンキング・電子マネー払いが利用できます。	新品新品未開封。[品番:ANZB-9466]弊社HP及び店頭で併売の為、品切れの際は返金対応致します。発送までに3営業日(土日祝除く)...▶ 続きを読む	バンダレコードweb店☆☆☆☆☆ 過去 12 か月で95%の高い評価(138,727件の評価)	・在庫あり。・発送先: 日本。・国内向け配送料金 および 返品について。
¥ 7,988 + ¥ 350（関東への配送料）コンビニ・ATM・ネットバンキング・電子マネー払いが利用できます。	新品品番[ANZB-9466] 国内盤、新品未開封。メール便を使用せず、追跡可能な佐川急便で発送。同一商品コード[ASIN]に複数の仕...▶ 続きを読む	Felista玉光堂☆☆☆☆☆ 過去 12 か月で95%の高い評価(16,159件の評価)	・在庫あり。・発送先: 日本。・国内向け配送料金 および 返品について。
¥ 8,294 + ¥ 350（関東への配送料）	新品品番 [ANZB-9466] 国内盤、販売用商品、新品未開封。通常の佐川急便で発送。同一商品コード[ASIN]に複数の仕様が存在...▶ 続きを読む	もの市☆☆☆☆☆ 過去 12 か月で97%の高い評価(8,474件の評価)	・在庫あり。・発送先: 日本。・国内向け配送料金 および 返品について。
¥ 8,640 + ¥ 350（関東への配送料）	新品【DVD】品番:ANZB-9466　新品未開封です。ヤマトメール便(ポスト投函)、または佐川急便での発送です。通常3営業日(土、日...▶ 続きを読む	SNET Store エスネットストアー☆☆☆☆☆ 過去 12 か月で93%の高い評価(4,740件の評価)	・在庫あり。・発送先: 日本。・国内向け配送料金 および 返品について。
¥ 9,800 通常配送無料 詳細コンビニ・ATM・ネットバンキング・電子マネー払いが利用できます。√プライム	新品新品未開封★国内正規品★完全生産限定版★在庫確実。お急ぎ便・代引全決済可、コンビニ買取も可能。希少品のため定価を超えている場合があり...▶ 続きを読む	Kブックストア ★送料無料 ★速達・代引・コンビニ受取・各種支払対応☆☆☆☆☆ 過去 12 か月で99%の高い評価(658件の評価)	AMAZON.CO.JP 配送センターより発送されます ▾・在庫あり。11/2 月曜日 にお届けします。今から14 時間 と 24 分以内に「お急ぎ便」または「当日お急ぎ便」を選択して注文を確定してください(有料オプション。Amazonプライム会員は無料)。・お届け日時指定便が利用できます。・国内向け配送料金 および 返品について。

223

FBA出品を利用している場合、よほどの価格差がない限り、自己出品者を気にする必要はありません。

　注意が必要なのが、プライムのマークがついている出品者、すなわち他のFBA出品者です。上記の場合は9800円の出品者です。

　もし、このような出品者がいないときはチャンスだと思ってください。

6 出品コメントを変えて 売れやすくしよう

● 言葉を少し変えるだけで売れやすくなる

Amazonの出品コメントを変更することで、差別化を図り、ライバルよりも高い値段で商品を販売することができます。

例えば、以下のコメントをご覧ください。言葉を少し変えるだけで安心感を与えられ、売れやすくなります。

● コメント

¥ 7,900 ✓プライム	**新品**
代金引換とコンビニ・ATM・ネットバンキング・電子マネー払いが利用できます。	☆通常配送無料☆Amazon配送センターより丁寧に梱包し迅速に発送されます☆国内正規品・新品・未開封品です☆商品ラベルはきれいにはがせるシールを使用しています☆商品の返品および返金はAmazon.co.jp のポリシーに準じ対応致しますのでご安心ください☆ご覧いただきありがとうございます « 短く表示

中古品でもコメントの説明文で大きく印象が変わります。

●中古品の説明文

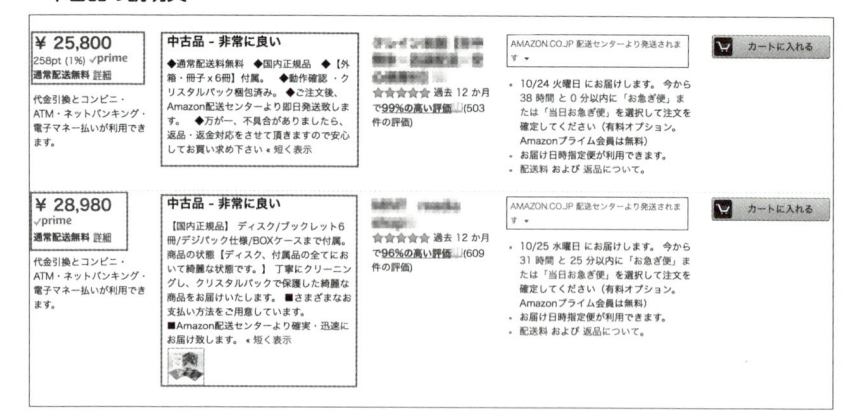

特に中古品では写真が重要になりますので、できるだけきれいに、インパクトのある写真を掲載してください。

●中古品の写真

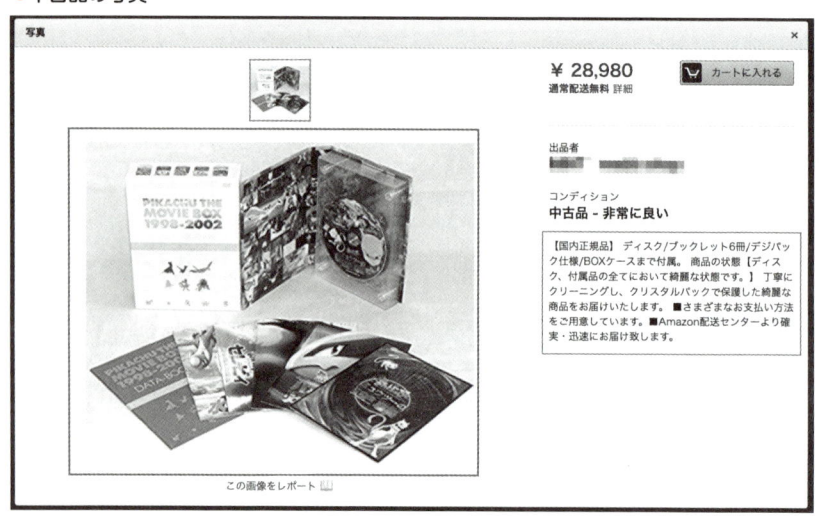

● 出品コメントを変更してみよう

それではコメントの変更手順を説明します。

まず、セラーセントラルにログインし、「在庫➡在庫管理」をクリックします。

● クリック画面

次に、コメントを変更したい商品の「詳細の編集」をクリックします。

● クリック画面

商品コメント（コンディション説明）を希望の文章に変更します。

● コンディション説明欄の画像

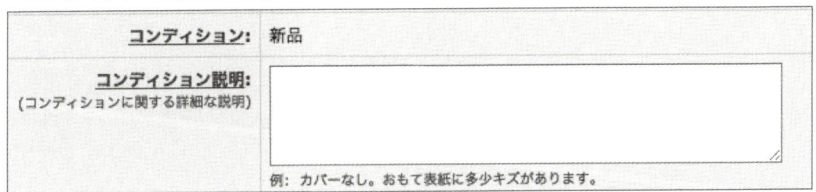

コメントを修正したら「保存して終了」をクリックします。

●保存して終了画面

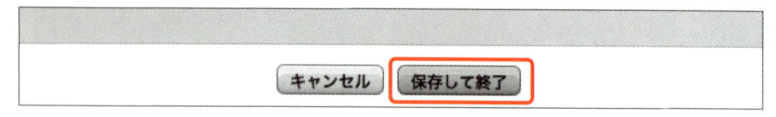

　このような手順を踏むことで出品コメントを変更できます。

　特典の有無を記載するだけでも高く売れますので、ぜひコメントを変更してみてください。

7 ショップ名をロゴ画像にして ブランディング化しよう

● ショップ名をロゴ画像にできるのは限られた人だけ

　Amazonの出品者一覧ページを眺めていると、出品価格の安い順に並んでいる出品者の名前のところがアカウント名の文字だけのものと、画像（バナー）が表示されているものがあります。

　この後者の画像（バナー）のことを出品者ロゴと言います。これは出店型大口出品者だけが利用可能になっています。ただ、2012年の11月以前に登録したマーケットプレイス型出品アカウントは、大口出品の場合もロゴ画像の利用はできませんのでご注意ください。

　出品者ロゴは出店型大口出品者だけが利用できる特権であり、利用可能な出品者の方は他の出品者との差別化が図れますので、ぜひとも利用するようにしましょう。

● Amazon出品者ロゴを作成してみよう

　ロゴ画像は幅120ピクセル×高さ30ピクセルの、jpgまたはgifファイルである必要があります。アニメーションは使用禁止、ファイル名は半角英数字のみ使用可能です。

　以下のサイトを活用すれば無料で簡単に作成することができます。

https://ja.cooltext.com/

http://www.logofactoryweb.com/

https://www.777logos.com/

8 050番号を活用しよう

● 記載した電話番号にはさまざまな電話がかかってくる

Amazonでインターネット・リセリングをするときには、特定商取引法に基づく表記をしなければいけません。そこには自分の携帯電話、あるいは固定電話の番号を記載する必要があります。住所や電話番号の記載がなければ特定商取引法違反になりますので、必ず記載します。

そこで問題になるのが、お客様からの問い合わせの電話ならば仕方がありませんが、そうでない電話、例えば、勧誘の電話とか営業の電話などもかかってくることです。また、プライベートで使っている番号の場合には、ビジネスの電話と混同してしまう恐れもあります。

これは意外に煩わしいです。かかってくる電話が誰からなのかわかりませんから、必要以上に神経を使います。

● 問い合わせ専用の番号を用意しよう

そこでお薦めするのが050で始まる「IP-Phone SMART—SMARTalk」というサービスです。

これは現在、使っているスマホに、無料で050から始まる電話番号を追加できるものです。

月額基本料、初期費用は無料で、アプリも無料で提供されています。利

用した分だけ料金が請求される仕組みです。

これを利用すれば、お客様からの問い合わせ専用として使うことができ、プライベートとは切り離して使用することが可能です。

また、電話番号も050で始まる番号になりますから、090や080で始まる電話番号よりは信用度が高くなるはずです。

さらに、値段も安い（60%安）ですから、自分用に使ってもOKです。

登録方法は「IP-Phone SMART—SMARTalk」のトップページにアクセスすれば、後は指示に従って操作すればOKです。

アドレスは以下になります。

https://ip-phone-smart.jp/

● IP-Phone SMART—SMARTalk

9 Amazonポイントを活用しよう

● あまり知られていないAmazonポイント

楽天やYahoo!ショッピングなどではお馴染みのポイントシステムですが、Amazonにも導入されています。

対象商品を注文したときに貯まり、貯まったポイントはAmazon.co.jpで買い物をするときに、1ポイント＝1円分として使えます。1回の注文につき、10万ポイントまで使うことができます。

ただ、楽天などに比べて、ポイントが数倍になるセールもなく、購入で必ず1ポイントになるわけでもありませんので、まだまだ認知度は低いです。

● 出品者にとっては値引きと同じ

出品者側から見た場合、Amazonポイントは、いわゆる値引きと変わりません。Amazonでは出品する際、価格の他にAmazonポイントを付与することができます。

5000円の商品に500ポイントをつけた場合、4500円で販売しているのと同じです。また、4500円にはいつものように手数料が発生します。

他の出品者と差別化もできるので、使い方を覚えておくと便利です。これを付与することで、売れ行きが変わる可能性があります。

233

ただし、ライバルの状況によって、つけたほうがいい商品もあれば、まったく気にしないで構わない商品もあります。そのときの状況を見極めて判断しましょう。

●ポイントを付与してみよう

　付与の仕方は非常にシンプルです。価格と同じようにポイントを決めて数字を入力するだけです。

　商品登録画面では、この部分に入力すればOKです。

●商品登録画面

　また、在庫管理画面でも変更ができます。

●ポイントがカート獲得に影響することもある

ポイントを付与すると、次のような表示がされます。

●表示画面

参考価格: ¥ 3,600
　　価格: ¥ 3,220 √プライム
　　OFF: ¥ 380 (11%)
ポイント: 81pt (3%)　詳細はこちら

注：別の出品者から、上記よりも価格が低い商品が出品されています。

1点在庫あり。　在庫状況について
この商品は、
認ください。　この出品商品には代金引換とコンビニ・ATM・ネットバ

新品の出品：34¥ 2,000より　　中古品の出品：16¥ 1,210より

この商品ページでは3220円、81ポイント（3%）となっています。つまり、実質3119円になります。

ここで出品者一覧を見てみますと、価格の最安値は3188円の出品になりますが、ポイントを考慮した価格では3139円のポイントを付与した出品が最安であり、カートを取得しています。

このように価格の表示上は違う出品者が最安値でも、ポイントの有無により、カートの取得者が変わってくるのがわかります。したがって、価格改定ツールなどにもこのポイントを考慮したカート価格に合わせる設定をしていないと、いつまで経ってもポイントをつけてくる出品者にカートを取得され、売れない状態になってしまいます。

●大量のポイントをつけてくる人には要注意！

　たまにリサーチをしていると、驚くほどのポイントをつけている出品者を見かけます。これはAmazon本体が最安値出品者にカートを取得されないように自動で付与しているように感じます。

　このような例は極端だとは思いますが、仕入れをする際に価格差があるから充分に利益が出ると思っていても、ポイントが隠れていて利益を大幅に減らす可能性があります。

　したがって、仕入れをする際には、商品自体の売れ行きも大事ですが、出品者一覧とポイントの有無まで調べることが必須と言えます。

10 Amazon出品大学を活用しよう

● 出品者向けに無料eラーニングが提供されている

Amazonのマーケットプレイスを利用する際、出品者登録や商品の出品作業、在庫管理、FBA納品作業など、覚えることがたくさんあります。

いざ出品をしようと思っても、実際にどのような手順で作業を進めていいのか、戸惑ってしまうこともあるでしょう。

そのようなときにぜひとも利用してほしいのがAmazon出品大学です。

● Amazon出品大学

Amazon出品大学は、Amazonが出品者向けに提供している無料eラーニングです。2016年1月に開始されました。

237

Amazonマーケットプレイスの説明や出品の仕方、商品登録、販売管理、FBAの利用方法など基礎的な知識の他に、魅力的な商品画像の用意の仕方、閲覧数・購買数の上げ方、広告の活用法、ツールについてなど、中級者以上の出品者にも役立つノウハウも提供しています。

また、海外のAmazonでの販売状況や売れ筋商品のデータ公開などもあり、かなりボリュームのある内容になっています。

コンテンツは主に動画やPDFで提供されています。

● PDF版

● Amazon出品大学へアクセスしてみよう

Amazon出品大学へは、基本的にセラーセントラルにログインしてアクセスします。

セラーセントラルにログインすると、パフォーマンスのメニューバーからAmazon出品大学が選択できるようになっています。

● 選択画面

カタログ	在庫
商品登録	在庫管理
不備のある出品を完成	FBA 在庫管理
	在庫健全化ツール
パフォーマンス	商品登録
アカウント健全性	アップロードによる一括商品登
評価	出品レポート
Amazonマーケットプレイス保証	プロモーション管理
チャージバック	グローバルセリング
パフォーマンス通知	FBA納品手続き
Amazon出品大学	商品紹介コンテンツ管理
	設定
	出品用アカウント情報

Amazonのテクニカルサポートを活用しよう

●遠慮しないで利用しよう

　出品のことでどうしてもわからないことがあるときは、直接、Amazonに聞いてみることをお薦めします。それができるのがAmazonテクニカルサポートです。

　問い合わせ方法は、メールか電話です。メールは24時間対応しています。どちらで問い合わせても構いませんが、急ぐ場合や文面で説明しにくい場合は電話のほうがいいかもしれません。

　やり方はいくつかの方法がありますが、その1つをご紹介すると、最初にセラーセントラルにログインします。

　次に左上にあるヘルプをクリックします。すると、ウィンドウが表示されますので、お問い合わせをクリックします。

　下記の画面になりますので、Amazon出品サービスをクリックしてください。

●お問い合わせ画面

その後はそれぞれの状況に合った問い合わせ内容を選びます。質問したい内容がぴったり当てはまらない場合は、それに近い内容を選べば問題ありません。もし間違ってもきちんと対応してくれますので、安心してください。

電話の場合は、オペレータと電話がつながると、自分のショップ名・登録している銀行口座あるいはクレジットカードの下4桁の番号を聞かれますので、事前に用意をしておくといいでしょう。

メールの場合は、質問の内容を書いて送信します。資料がある場合は、添付ファイルを追加で送信できます。

初歩的な質問でもきちんと回答してくれますので、遠慮しないで利用することをお薦めします。

12 赤字になるパターンを知っておこう

● 赤字には大きく3つのパターンがある

　最後に赤字になるパターンを紹介しておきます。前もって知っておくことで、赤字を防ぐことができます。

①大規模なセールで仕入れた商品

　大規模なセールで仕入れた商品は、転売目的で購入する人が多いため、需要と供給のバランスが崩れて値下がりする傾向にあります。

②Amazon本体が出品

　もともとAmazonが出品者として存在していなかったのに、急に在庫が復活して相場より安い値段でAmazonが出品してくる場合があります。このような場合は注意が必要です。

③プレミア商品の再版

　フィギュア等に多いのですが、生産中止になっていた商品が再販売される場合があります。その場合、供給が需要に追い付いて、値下げせざるを得なくなることがほとんどです。

第7章

さまざまな効率化で
月商を大きくしていこう

1 不良在庫は うまく損切りしよう

●不良在庫の定義はケースバイケース

　販売スタイルや販売商品、資金によって、不良在庫の基準は違います。

　例えば、新品や薄利高回転品をメインに扱うときは、在庫を回転させる必要があります。その場合、1〜2か月を経過して売れ残った商品は不良在庫として判断し、早々に値下げをして赤字覚悟で損切りをしていきます。

　逆に、中古品やロングテール商品をメインに扱っている場合ならば、半年程度の長いスパンで不良在庫の基準を設けます。

　どれが正解ということではありませんが、資金が少ない最初の間は、なるべく商品や資金を回転させることに集中すべきです。

●短期で損切りをするメリットとデメリット

　販売されてからある程度の期間が経っている商品などと比べ、発売されたばかりの新商品はモノレートを使っても過去のデータ解析ができません。値動きや出品者数の増減がほとんど読めませんので、在庫を長期間保有すれば、それだけ値下がりのリスクが高まります。そのような場合は、早めに損切りをすることで、値下がりのリスクを抑えることができます。

また、資金が少ない場合は、不良在庫で大事な資金を寝かせておくよりは、値引きをして損切りをしたほうが、資金を新しい在庫に使えるので利益が得やすいとも言えます。

ただし、Amazonの商品価格は、一気に値下がりすることはあまりなく、少しずつ下がったり上がったりを繰り返します。何でもすぐに最安値で損切りをしてしまうと、充分に利益が出せる商品まで損失を出してしまう結果にもなりかねません。

実際に、定期的に売れている商品については、値下げ合戦が落ち着けば、ある程度、相場が上がることもあります。

そのため、売れない商品に関しては、最初は値下げ以外で売る工夫（説明文など）をすることが大事です。

● 損切りまでの期間に幅を持たせるメリットとデメリット

一方、中古商品やロングテール商品、発売されてから期間が経っている新品の商品などは、モノレートで解析ができますので、損切り期間を長めにしてもリスクは少ないです。

また、メディア系の中古商品も比較的相場が安定していますので、仕入れの際にモノレートでしっかりと相場を確認しておけば、極端に値下がりして赤字になるケースは避けられます。

Amazonは相場が下がったり上がったりを常に繰り返しますから、急に値下がりした商品でも、いつの間にか相場が復活していることもよくあります。相場が極端に変化しない限り、大きく損をすることは少ないです。

ただ、商品が売れるまではお金が入りませんから、損切り期間を長めに
するのは、ある程度、資金力に余裕がある人向けの方法と言えるでしょ
う。

● 自分に合った不良在庫、損切りの基準を選ぼう

私の場合、中古・新品の両方を販売していますが、運転資金にも余裕が
ありますので、すぐに損切りする商品とある程度、待つ商品があります。

在庫はある意味では資産ですから、銀行にお金を預けているというより
は投資という感覚でAmazonに預けて売れるのを待ったほうが賢明で
す。

物販は数千万円を借金して購入する不動産と比べて、小資金からできき
る投資と言えるでしょう。

しかし、今、私がお話した方法は資金にある程度の余裕がある人の戦略
ですから、最終的にはご自分の状況に合わせた方法を選んでください。

ただ1つ言えることは、回転は仕入れ時点で決めるということです。ご
自分の現在の状況を理解した上で、どれくらいまでに売り切るかを決めま
しょう。

2 配送業者と契約して 配送料を下げよう

●一番お金がかかるのが配送料

物販をやっていて経費で一番お金がかかるのが配送料です。売り上げが少ないうちはそれほど気になりませんが、売り上げが多くなってくると送料だけでものすごい金額になってきます。

そこでその対策として、事業が拡大したならば配送業者と個別に契約をすることをお薦めします。いわゆる提携ですね。

それも1社だけでなく、いろいろな会社と契約することをお薦めします。配送業者にもいくつかありますから、それぞれに連絡をしてどれくらい割引をしてくれるのか調べ、安い会社といくつか契約を結べばいいでしょう。

発送数が1か月に100箱くらいのレベルになったら、迷わず実行してください。相手も商売ですから、きちんと対応をしてくれるはずです。

●CC（コストカット）便を活用しよう

私の会社でも皆様のお役に立ちたいと、CC（コストカット）便というものを提供しています。ここに登録していただければ、Amazonの倉庫へ納品しておくだけで、そこから配送してくれます。

Amazonに特化した配送サービスなので、Amazonにしか使えません

が、業界では最安値で送ることができます。160サイズであれば1箱数百円から送れます。これは配送会社から先に送料だけを買い取ったためにできるサービスです。通常ですと、160サイズでは2000円以上はかかるものが、数百円から送れますので、かなりのお得感があると思います。

　もし興味がありましたら、下記のところへご連絡ください。皆様のお役にきっと立てるはずです。

http://www.gt-jpn.co.jp/cc/

● CC便

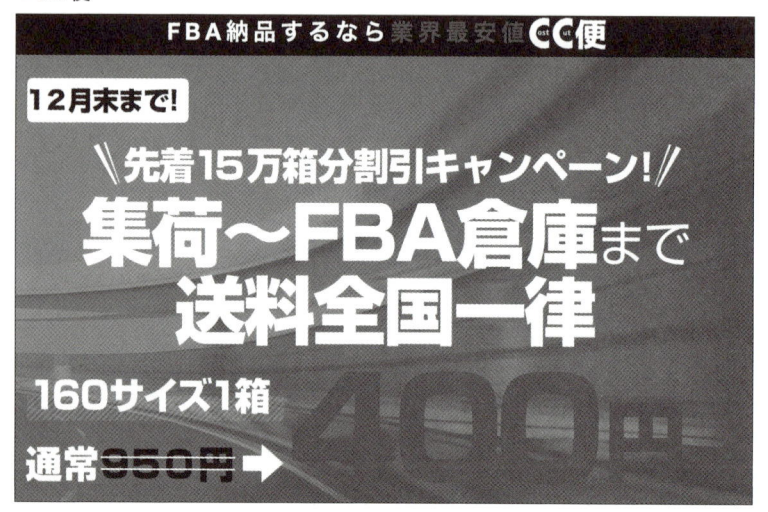

3 創業融資と補助金を活用しよう

● 資金を借りてビジネスを安定させよう

サラリーマンをやりながら副業としてインターネット・リセリングをやっていて、事業の拡大を考えているならば、ぜひとも創業融資を利用してほしいと思います。クレジットカードで借りるのとは別に、最大、数百万円の規模で借りられます。

銀行はもちろんのこと、金融公庫でも借りられます。借りるにはいくつかの手続きが必要ですから、みなさんがお住みの地域で調べるといいでしょう。

それぞれの地域によって条件等が異なりますので、ネットで検索してもいいですし、本なども出ていますから、詳しく調べてから実行に移しましょう。

物販ビジネスは信用度が高いですし、ある程度の売り上げを継続して稼げるようになったならば、次の段階として起業を考えるのは自然な流れです。目安としては、月商100万円以上が3か月継続できたら考えてください。安定した売り上げを上げるには、資金を借りて活用したほうがいいと私は思います。

●補助金も忘れないで申請しよう

さらに、補助金についても忘れないで活用してください。住んでいる地域によって違いがありますが、お近くのハローワークに行くと教えてもらえます。私が住んでいる豊島区でも、起業支援金とか、起業補助金といった制度があるようです。

なお、実施しているところによっていろいろな条件がありますから、よく調べてから申請してください。例えば、40歳以上の方が起業する場合など、年齢によっても制度が分かれるようですから、それも頭に入れておくといいでしょう。

また、1つアドバイスをしておきますと、物販は割合、早く結果が出るビジネスです。月に30万、40万ぐらいはすぐに達成できます。

そのとき、すぐに会社を辞めてしまう人が多いです。私の生徒さんにもそのような人がいますが、私はそのようなときはすぐに会社を辞めないで、きちんと準備をしてから辞めるようにアドバイスしています。

会社を辞めてしまうと、カードでさえなかなか作れません。融資や補助金を受ける場合でも、辞める前にいろいろと準備を怠りなくしてから辞めるほうが絶対うまくいきます。

詳しくは専門家のアドバイスを受けてから実行することをお薦めします。私に相談していただければ、アドバイザーをご紹介することもできますので、遠慮なくおっしゃってください。

特殊商品カテゴリーの出品許可を得ておこう

●許可がなくても販売できるものもある

Amazonで扱う商品は、特別な許可がなくても販売することができるものと、許可が必要なものとに分かれます。

許可がなくても販売できるものは、例えば以下になります。

・書籍

・文房具・オフィス用品

・ミュージック/ホーム＆キッチン

・ビデオ

・DIY、工具、車用品

・DVD

・おもちゃ＆ホビー

・PCソフト

・スポーツ＆アウトドア

・TVゲーム

・ベビー＆マタニティ

・エレクトロニクス

・楽器

これらは許可がいりません。

● 許可がないと販売できないものこそ、大きな売り上げが見込める

逆に許可が必要になるのは以下のものです。

- ・時計
- ・服＆ファッション小物
- ・シューズ＆バッグ
- ・ジュエリー

- ・ヘルス＆ビューティー
- ・コスメ
- ・食品＆飲料
- ・ペット用品

　これらは許可がないと販売できません。許可の取り方も扱う商品によっていろいろです。メーカーからの納品書を提出させるものもあります。

　確かに面倒ではありますが、私はこれらの商品を扱う許可を取るべきだと言っています。リピートが見込める商品であり、また他と差別化ができ、安定した売り上げを確保するにはどうしても必要な商品だからです。

　現に私の会社でも売り上げの8割がこれらの商品です。特に、食品や飲料、ヘルスやコスメは、単品の利益は高くないものの、継続して受注が見込めるので、トータルで考えると大きな売り上げにつながります。

　これらの日用品は毎日、消費するものですから、必ず続けて必要になりますので、一発で大きな利益を狙うよりは確実です。

　みなさんも許可をきちんと取って販売するようにしてください。

5 出品の工夫で売り上げを伸ばそう

● 工夫次第で通常以上の利益が生まれる

利益を上げるためには戦略を練る必要があります。ただ単に仕入れを行い、商品を出品しても、通常レベルの利益しか生みません。それを変えるには戦略、工夫が必要です。

ここでは2つほど提案をしてみたいと思います。

①まとめ買いの項目を作る

例えば、シャンプーなどを1個売っても利益はさほど上がりません。逆に送料などを考えれば、赤字になる場合もあります。

しかし、そのような商品でも一度にまとめて買ってもらえれば利益は増加します。

そこで、まとめ買いの項目を作って販売します。10個まとめて売る、あるいは20個まとめて売る。これらの商品は日常的に使うものですから、多少、値引きをすれば、購入者もお得感が増して買いやすくなります。

②誰も出品していない商品を見つけて独占販売をする

Amazonはそれこそ何から何まで取り揃えていますが、それでもレアな商品はまだまだ隠れています。それを見つけて独占販売をします。

いわゆるマニア向けと言うか、こだわりの商品ですね。ポピュラーでは
ないけれども、固定ファンがいる商品。それを見つけて出品します。

　地域限定でもいいですし、数量が少ない商品などでもOKです。

6 リピート商品を取り扱おう

● 一発狙いよりも利益を積み上げるほうが効率的

　どのように利益を上げていくか。いろいろな方法があるでしょうが、私の経験から言わせてもらえば、やはりリピート商品を堅実に売り上げて利益を上げるのがベストです。

　例えば、メディア系のゲームなどの中には、単発で大きな利益が出る商品もありますが、そのような商品はいつもあるわけではありません。それべかりを狙っていると、トータルでは赤字になることもあります。

　それよりはリピートが確実に狙える商品を安定的に売るほうが、はるかに効率的です。

　そのような商品は、先ほどもお話しました特殊商品カテゴリーの中にあります。食品や飲料、ヘルス、コスメなど、日用品と言われるものです。これらは確実にリピートが見込めます。

　私の会社でもお絞りやお箸、水などを取り扱っています。この後の項目で説明しますが、これらの商品は大量に売りますので、メーカーや卸会社から仕入れるようにします。

　また、一部の固定ファンがいるマニアックな商品もお薦めです。これも先ほどお話しましたね。意外にこれらの商品もバカになりません。ネットでしか手に入らないものが多いからです。

例えば、こだわりの醤油や、特定の人がこだわって買っているナッツなど。このようなものはライバルがいませんから、上手に仕入れれば必ず売れます。みなさんもご自分でそのような商品を探してみてはいかがでしょうか。

リサーチ、価格改定作業はツールを活用しよう

● 有料ツールを積極的に活用しよう

ビジネスの規模が拡大してきたら、できるだけ合理化を図ることが大切です。ツールでできることはツールを利用し、それ以外の、自分にしかできないことに時間を使いましょう。

ただ、そこで注意してほしいのが無料ツールです。ネット上では無料で多くのツールが提供されていますが、あまり無料にこだわると思わぬ失敗をしてしまうことがあります。

例えば、無料ツールは作者が作った後、更新をしていないケースがよくあります。そのため、最新の状態になっておらず、突然、役に立たなくなってしまうことがあります。

その点、有料ツールはお金をもらっていますから、常に最新の状態にキープしてあります。Amazonなどの仕様が変更になっても、すぐに更新してトラブルが起こらないようにしてありますので安心です。

無料ツールを使うなとは言いませんが、有料ツールもそれほど高い金額ではありませんから、事業が拡大したならば、なるべく有料のレベルの高いものを使うようにしてください。

例えば、私たちの会社が開発したショッピングリサーチャーProというツールがあります。Amazonの画面でワンクリックでリサーチ作業がで

きる優れものです。月に3980円で提供していて、何が売れているか、自分が知りたい情報がすぐにわかるようになっています。

　ビジネスが拡大し、商品が100個以上になると、手動で全部をやっていると大変な作業になります。そのようなときはツールに任せて時間を短縮することが重要です。

● ショッピングリサーチャーPro

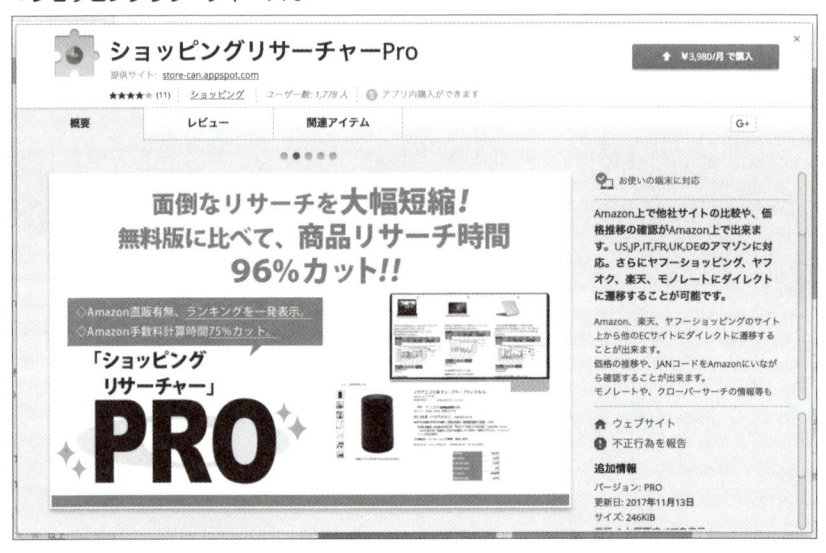

　また、月商が100万円以上になると、商品の管理も大変になってきます。そのようなときにお役に立つツールがCappyです。管理画面から価格改定を相場に合わせて自動でやってくれます。相場も1円から動きますから、それを手動でやっていくのは至難の業ですが、これを使えば自動で行えます。これは月に3980円で提供しています。

● Cappy

　事業が拡大すると時間が足りなくなります。ビジネスでは時間が大切です。自分の時間を時給として考えると、月に3000円ちょっとのお金で自分の時給がアップできるのであれば、使わない手はありません。ツールを使えば、2時間かかっているところを10分に短縮することができます。

　また、ビジネスをどんどん大きくしていくと、出品の管理や価格改定などはそれほど重要ではないことがわかってきます。一番重要なのは、やはりリサーチです。何が売れるのか、どのような戦略を立てて仕入れ、売っていくのか、そこに時間を多くかけるべきです。それを可能にするのが、ここで紹介したツールの利用なのです。

　今回はこの本を買っていただいた方のために、特典としてショッピングリサーチャーProとCappyの2つを2か月間、無料でお試しできるキャンペーンをすることにしました。ぜひとも使ってみることをお薦めします。

　下記のLINE@に登録していただければ自動返信で登録フォームが届きますので、そちらから登録をしてください。

● LINE@

LINE@登録方法

下記のQRコードをスマホで読み込んで
お友達追加を行なってください

もしくは「@sla6665w」で
ID検索（@をお忘れなく）

8 商品の出品作業は外注化しよう

● 月商が大きくなれば外注化は必須

　月商が何百万円になると大変になるのが出品作業です。自分でやるとなると、一日中、それにかかりきりになるのは間違いありません。

　そこで規模が大きくなると欠かせないのが出品作業の外注化です。これは必ずおこなってください。

　その際に使えるのが、次の3つのサイトです。この3つは仕事を提供したいと人とそれを受注したい人を結ぶサイトです。

・Crowd Works（クラウドワークス）　　https://crowdworks.jp/

・Lancers（ランサーズ）　　　　　　　https://www.lancers.jp/

・mama works（ママワークス）　　　　　https://mamaworks.jp/

● Crowd Works　　　　● Lancers

● mama works

これらのサイトで出品作業の外注先を募集します。個人的には女性のほうが丁寧に仕事をしてくれる気がします。

● 出品代行サービスなら教育の手間がいらない

ただ、外注先を見つけても、最初にどのようにすればいいかを教えなければいけませんので、そこが面倒くさいと思う方もいらっしゃるかもしれません。

そこでお薦めするのが、私のところでやっている出品代行サービスです。正式にはBCC Amazon代行サービスと言います。

● BCC Amazon代行サービス

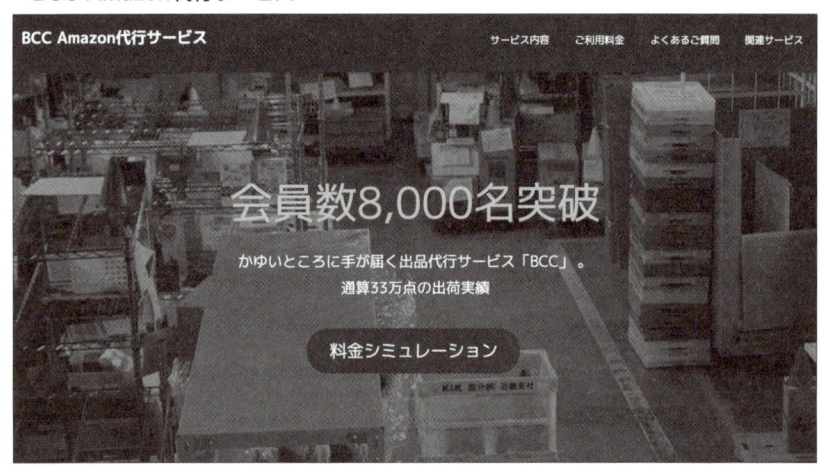

仕入れの先のショップからこちらに送っていただければ、そこからAmazonの倉庫へお送りします。1品数十円からお受けしています。会員サイトから応募をしていただければ簡単に手続きができます。既に会員数

も1万名を突破しています。

先ほども言いましたが、これらの作業を外注化できれば、後は仕入れだけに集中できます。もちろん、商品の開拓にも力を注ぐことが可能です。

今回、このサービスにも特典をつけさせていただきました。この本を読んでいただいた方だけに、1500円分のクーポンが利用できるようにしてあります。

キャンペーンの入会方法は先ほどと同様、下記のLINE@に登録していただければ自動返信で登録フォームが届きますので、そちらから登録をしてください。

● LINE@

メーカー、卸会社から商品を仕入れよう

● 小さなメーカーからアタックしよう

メーカーや卸会社から直接、仕入れると価格が安くなることは、みなさんもご存知だと思います。しかし、大量に仕入れる場合や大企業ではないと、相手にしてくれないと思い込んでいないでしょうか？

確かに大手企業の中には、法人でなければダメ、最低でも数百万円以上の仕入れでなければ対応しない、というところもありますが、そうではないところもあります。それはメーカー、卸会社と言っても、小さなところです。

そのようなところでは、小さな金額、少ない個数でも対応してくれます。例えば、12個単位とか、そのような数量でも不可能ではありません。

メーカーや卸会社から直接、仕入れることができれば、販売価格との価格差がより大きくなりますから、利益率もアップしていきます。特にリピートが期待できる商品、日用品や消耗品、特定の固定ファンがいる商品などは、メーカーや卸会社と安く契約ができれば、売り上げが確実に見込めます。

思い込みであきらめるよりは、あたって砕けろの精神でアタックしてほしいと思います。あきらめずに交渉することをお薦めします。

そうして小さい実績をどんどん積み重ね、金額が大きくなったところで

大手へと交渉の範囲を広げていってください。

●独占販売権利の獲得を目指そう

最終的にみなさんに目指していただきたいのが、海外メーカーであれば「日本での独占販売権利」、国内メーカーであれば「Amazonでの独占販売権利」です。

そこに至るまでは、もちろん簡単ではありませんが、コツコツとメーカーとの関係性を築けば達成することは可能です。

この権利によって日本、Amazon市場においてライバル不在。いい響きだと思いませんか？

これであなたも安心して販売促進活動ができるのです。

おわりに

● **ビジネスはテストの繰り返し**

この本の最後にあたって、私なりの注意点をお話しておこうと思います。
インターネット・リセリングに限らず、ビジネスはテストの繰り返しです。
そこで、重要なのがPDCAサイクルです。

・計画 (PLAN・プラン)
・実行 (DO・ドゥ)
・調査 (CHECK・チェック)
・行動 (ACTION・アクション)

この繰り返しがビジネスを発展させる要素になります。詳しく説明しますと、次のようになります。

・同じ方法では売り上げが上がり続けることはありません。必ず新しい方法を探して計画を作ります。
・次に、たくさんの資金をつぎ込む前に、少しだけ実行します。
・その結果、利益がどれくらい出たか、あるいは赤字になったか、その原因はどこにあるのかを調査します。
・そして、調査を元に改善策を講じて、次の行動を起こします。

この流れを常に心がけながら、仕事の効率と収益率を上げていくのが売り上げを拡大するコツになります。

　ビジネスでは最初はうまくいかないことのほうが多いと思います。その壁を乗り越えるためにも、PDCAサイクルを活用してください。

● 自己投資の重要性

　この世の中で誰にでも平等に与えられているのは何でしょうか。それは時間だと私は思います。

　しかし、その時間をどのように使うかは、その人の自由です。何もしないでぼうっとしているのも自由ですし、必死に働いてお金を稼ぐのも自由です。当然、この本を読まれている方ならば、後者のはずです。

　そして、もう一つ重要なのは、同じ必死に働くのでも、効率的に働くのと、ただ単に単純労働をするのでは、格段にその収益に差が出るということです。もちろん、あなたは前者のほうですね。そのためにこの本をお読みになっていると思います。

　ここで私が申し上げたいのは、同じ時間をかけて働くのならば、より収益が上げられるビジネスに自分を投資すべきだということです。そして、その投資すべきビジネスとして、インターネット・リセリングをこの本でご紹介しています。

　同じ時間を使う場合でも、同じ働く場合でも、何に自己投資をするかで大きく人生が変わります。

　あなたは何を選びますか？

● 大切なのは、何があっても続ける力

この本で紹介したことを実行するかどうかは、あなたの決断にかかっています。また、いざ実行したとしても、それを続けるかどうかもあなたの決断次第です。

今までやったことのないことをやるのは確かに大変です。最短距離でできる方法は私がお教えできますが、簡単とは言えません。

しかし、簡単ではありませんが、やれば必ずできるものです。私がここまで来られたのも、やり続けたからです。

みなさんも失敗や挫折を繰り返すと思いますが、決してあきらめないでください。必ずやり続けてください。それが成功への鍵になります。

もし、この本を読んで相談したいことがありましたら、遠慮なく問い合わせをしてください。

また、LINE@に登録していただければ、無料で私の塾に参加でき、すべての動画コンテンツがそこで見られます。わからないことがあれば質問することもできます。ぜひとも活用してほしいと思います。

皆様の人生が実り多きものになるよう、お手伝いができればうれしく思います。ありがとうございました。

2018年3月

マニエル・オオタケ

＼ 本書をお読みくださったあなたへ素敵なプレゼント！ ／

Amazonせどりを
サポートする豪華6大特典！

特典1 マニエル塾全コンテンツ

特典2 LINE@によるコンテンツのサポート

特典3 厳選インターネットショップリスト

特典4 CC便一箱無料利用クーポン（980円相当）

特典5 総合管理ツール「Cappy」、
リサーチツール「ショッピングリサーチャーPRO」、
2ヶ月無料利用権利（13,960円相当）

特典6 BCC Amazon出品代行サービス利用クーポン（1,500円分）

特典の受け取り方

LINE@登録方法

下記のQRコードをスマホで読み込んで
お友達追加を行なってください

もしくは「@sla6665w」で
ID検索（@をお忘れなく）

●著者プロフィール

マニエル・オオタケ

- 1991年生まれ。ユダヤスペイン系ペルー人と日本人の祖父を持つ日系3世。スペイン語、ポルトガル語、日本語、英語の4ヶ国語を話せるクァドリンガル。

- 高校卒業後、将来の夢が見つからず、俳優を目指すために大学を辞退して、大阪で一人暮らしを始める。時給500円換算の過酷な居酒屋のアルバイトをこなしながら、某芸能プロダクションに所属して念願の俳優活動を始めるも、約2年間専念して最高月収は6万円。レッスン代に相殺され、衣装代や交通費などは自腹なので、300万円を超える借金を背負って俳優の道を断念する。俳優活動で背負った300万円の借金を返済すべく、20歳で不動産会社に就職しながら、夜はコールセンターでアルバイトのダブルワーク生活を送る。1ヶ月の労働時間は350時間を超えていた。

- 会社帰りにたまたま寄った書店で読んだビジネス雑誌がきっかけでインターネットを使ったビジネスを知り、取り組み始める。初月で不動産会社の給料を超え、2ヶ月目に脱サラ。その後は独自のノウハウにより、半年後には月収100万円を達成する。

- 法人設立とともに東京に拠点を移し、自身の経験を生かして、ビジネススクールを開校。今まで指導してきたクライアントは個人、法人合わせて1500名以上。今では物販、一部上場企業のコンサルティング、芸能プロダクション事業、システム提供、イベント企画、広告事業といった様々な事業で月に2億円を売り上げている。

年商20億円かせぐ！
Amazonせどりの王道

発行日	2018年 4月 5日	第1版第1刷

著　者　マニエル・オオタケ

発行者　斉藤　和邦

発行所　株式会社 秀和システム
　　　　〒104-0045
　　　　東京都中央区築地2丁目1−17　陽光築地ビル4階
　　　　Tel 03-6264-3105（販売）Fax 03-6264-3094

印刷所　三松堂印刷株式会社　　　　Printed in Japan

ISBN978-4-7980-5331-8 C3055